ニュートン超図解新書

最強にわかる

人体と病◯

はじめに

　脳，心臓，肺，胃腸，肝臓，膵臓……。私たちが生きていけるのは，人体にあるさまざまな臓器が役割を果たし，協調してはたらいてくれるからです。また，私たちが健康でいられるのは，人体にそなわっている免疫が，ウイルスや細菌などの病原体から体を守ってくれるからです。

　しかし，臓器も免疫も，能力には限界があります。かたよった食事や運動不足などがつづくと，臓器はこわれてしまいます。特定の異物がくりかえし体内に入ると，免疫は過剰に反応するようになってしまいます。そして臓器や免疫の異常は，さまざまな症状をもつ病気となって，人体にあらわれるのです。

本書は，人体のしくみと病気を，ゼロから学べる1冊です。脳出血や心筋梗塞などの臓器の病気から，アレルギーなどの免疫の病気，かぜ，インフルエンザ，新型コロナウイルス感染症まで，"最強に"わかりやすく解説しました。どうぞご覧ください。

ニュートン超図解新書
最強にわかる
人体と病気

イントロダクション

1 日本人の死因の第1位はがん,第2位は心臓病… 14

2 患者数第1位は高血圧,第2位は歯周病… 18

コラム WHO「病気は約1万8000種類」… 22

第1章
臓器のしくみと病気

脳

1 体よ動け！ 脳はコントローラー… 26

2 脳梗塞は，脳の血管がつまっておきる… 29

3 血圧の上昇で血管が破裂。脳出血… 32

4 くも膜下出血は，血管のこぶがやぶれておきる… 35

歯

5 歯の表面は水晶に匹敵！ 人体で最もかたい… 38

6 虫歯で歯がとけ，歯周病で歯が抜ける… 41

コラム 博士！教えて!! 何で歯を投げるんですか？… 44

心臓

7 心臓は，全身に血液を送る筋肉のポンプ… 46

8 心筋に血液が届かない。急性心筋梗塞… 49

9 悪玉コレステロールが,
心臓の動脈をつまらせる… 52

10 血流再開！カテーテル手術で動脈を広げる… 55

コラム 四百四病… 59

肺

11 二酸化炭素と酸素の出入り口。それが肺… 60

12 まちがいない！
肺がんの主な原因はたばこ… 63

13 胸の形がビア樽に。
たばこが招く肺気腫… 66

14 早期発見早期手術が,肺がん治療の大原則… 69

胃腸

15 胃は,消化吸収のためのしこみを行う… 72

16 ピロリ菌が,胃潰瘍や胃がんの原因になる… 75

17 早期のがんは,でっぱらせて
ワイヤで焼き切る… 78

4コマ ミスのおかげで培養に成功… 82

4コマ 自ら菌を飲んで証明… 83

肝臓

18 肝臓は，休むことのない巨大な化学プラント… 84

19 ウイルス感染から，肝炎，肝硬変，肝がん… 88

20 酒の飲みすぎや肥満が，肝臓に負担をかける… 91

21 肝臓病は無症状。予防と診断がたいせつ… 94

膵臓

22 膵臓には重要任務が二つ！ 一つは消化液の分泌… 97

23 膵臓のもう一つの重要任務は，インスリンの分泌… 100

24 インスリンが効かない…！ 糖尿病の発症… 104

25 糖尿病の予防と治療は，とにかく食事と運動… 108

そのほか

26 視野がかける緑内障，視界がぼやける白内障… 111

27 いつもの生活習慣が原因！高血圧と脂質異常症… 114

第2章
免疫のしくみと病気

1 リンパ系が，免疫の防衛システムの中心… 120

2 侵入者発見！
病原体とたたかう免疫細胞たち… 124

3 また来た!! 免疫の過剰な反応が，
アレルギー… 128

コラム 博士！教えて!!
サルも花粉症になるんですか？… 132

4 気管支ぜんそくは，
気管支の気道がせまくなる… 134

5 気管支ぜんそくは，初期のうちに薬で治す… 137

コラム ペットアレルギー… 140

6 免疫細胞が自分を攻撃してしまう，
自己免疫疾患… 142

7 自己免疫疾患のきっかけは，
免疫細胞の勘ちがい… 145

8 スキンケア重要！ 肌荒れからアトピーに… 148

- 4コマ 人類初のワクチンを開発… 152
- 4コマ カッコウの托卵を発見！… 153

第3章
インフルエンザとかぜ，新型コロナ

--- インフルエンザ ---

1. インフルエンザウイルスは，とげとげしている… 156

2. のどが痛っ！ ウイルスがのどの細胞に侵入… 159

--- かぜ ---

3. かぜも主にウイルス。さまざまな種類がある… 162

4. かぜは主にのどから上，インフルはのどから下にも… 165

コラム 博士！教えて!! ネギを巻くといいんですか？… 168

―― 新型コロナ ――

5 似てる？ 新型コロナウイルスは，王冠ウイルス… 170

6 新型コロナウイルスは，気道の細胞に侵入… 174

7 肺胞で炎症が発生，呼吸困難におちいる… 178

8 免疫の過剰反応が，血のかたまりをつくる… 182

9 技術の発展が，RNAワクチンを誕生させた！… 186

[4コマ] コッホのもとで口蹄疫を研究… 190

[4コマ] 動物ウイルスを発見！… 191

さくいん… 192

【本書の主な登場人物】

エドワード・ジェンナー
（1749〜1823）
イギリスの医学者。天然痘を予防する種痘法を発明し、予防接種の創始者となった。

中学生

キツネ

イントロダクション

病気とは，大ざっぱにいうと，人体が正常ではなくなった状態といえます。私たち日本人は，どのような病気にかかるのでしょうか。イントロダクションではまず，日本人の死因と，患者数の多い病気をみてみましょう。

1 日本人の死因の第1位はがん, 第2位は心臓病

2023年は, 4.1人に1人が, がんで死亡

最初に, 日本人の死因の順位について, みてみましょう。

厚生労働省の調査によると, 2023年の日本人の死亡者数は, 157万6016人でした。死因の第1位は「がん」で, 死亡者数は38万2504人, 死亡者総数に占める割合は24.3％でした（16〜17ページの表）。2023年は, 亡くなった人のおよそ4.1人に1人が, がんで亡くなったことになります。がんによる死亡者は年々増加しており, 1981年以降, 死因の第1位がつづいています。

イントロダクション

2018年以降, 死因の第3位は「老衰」

　2023年の死因の第2位は「心疾患（高血圧性を除く）」で，死因の第3位は「老衰」でした。老衰とは，加齢によって全身の機能が衰えることをいいます。老衰による死亡者数は2001年以降ふえており，2018年以降は「脳血管疾患」と入れかわり，死因の第3位となっています。

　2020年以降は，2019年末に中国でみつかった新型コロナウイルス感染症が，新しい死因に加わりました。2023年の死亡者数は3万3086人で，死亡者総数に占める割合は2.4％でした。

1951年から1980年まで，日本人の死因のトップは「脳卒中」だったが，食生活の改善や医療の進歩により，死亡率は減少していったのだ。

1 日本人の死因の順位

2023年の日本人の死因を，第10位まで表にまとめました。左の列が総数，真ん中の列が男性，右の列が女性です。

順位	総数		
	死因	死亡者数	%
1	がん	38万2504	24..
2	心疾患	23万1148	14.
3	老衰	18万9919	12.`
4	脳血管疾患	10万4533	6.6
5	肺炎	7万5753	4.8
6	誤嚥性肺炎	6万0190	3.8
7	不慮の事故	4万4440	2.8
8	新型コロナウイルス感染症	3万8086	2.4
9	腎不全	3万0208	1.9
10	アルツハイマー病	2万5453	1.6

イントロダクション

男性			女性		
死因	死亡者数	%	死因	死亡者数	%
がん	22万1360	27.6	がん	16万1144	20.8
心疾患	11万3133	14.1	老衰	13万6660	17.7
老衰	5万3259	6.6	心疾患	11万8015	15.3
脳血管疾患	5万1684	6.4	脳血管疾患	5万2849	6.8
肺炎	4万3554	5.4	肺炎	3万2199	4.2
誤嚥性肺炎	3万5641	4.4	誤嚥性肺炎	2万4549	3.2
不慮の事故	2万5544	3.2	不慮の事故	1万8896	2.4
新型コロナウイルス感染症	2万0268	2.5	新型コロナウイルス感染症	1万7818	2.3
腎不全	1万5980	2.0	アルツハイマー病	1万6804	2.2
間質性肺疾患	1万5516	1.9	血管性などの認知症	1万4996	1.9

（出典：厚生労働省「令和5年（2023）人口動態統計」）

2 患者数第1位は高血圧，第2位は歯周病

2020年，高血圧の患者数は1503万3000人

次に，日本人の患者数の多い病気の順位を，みてみましょう。

厚生労働省の調査によると，2020年に医療施設を利用した日本人の患者数は，第1位が「本態性（原発性）高血圧（症）」で，患者数は1503万3000人でした（20〜21ページの表）。患者数の第2位は「歯肉炎および歯周疾患」で860万4000人，第3位は「脂質異常症」で401万人でした。歯肉炎および歯周疾患とは，いわゆる「歯周病」のことです。

イントロダクション

「脂質異常症」は，女性患者が多い

　病気の中には，性別によって，患者数の大きくことなるものもあります。2020年，たとえば「脂質異常症」は，女性患者数が276万2000人だったのに対して，男性患者数は124万9000人でした。「関節症」は，女性患者数が155万5000人だったのに対して，男性患者数は52万1000人でした。一方，「虚血性心疾患（狭心症や心筋梗塞など）」は，女性患者数が46万3000人だったのに対して，男性患者数は81万9000人でした。

　自分がどのような病気にかかりやすいかを知っていれば，毎日の健康管理にいかすことができます。

高血圧症は，動脈硬化や心臓発作，脳卒中，腎臓疾患など，深刻な病気につながりやすい病気だコン。

19

2 日本人の患者数の順位

順位	総数	
	病名	患者数
1	本態性（原発性）高血圧（症）	1503万30
2	歯肉炎および歯周疾患	860万40
3	脂質異常症	401万00
4	2型糖尿病	369万90
5	う蝕	289万0
6	歯の補てつ	239万70
7	脊椎障害（脊椎症を含む）	235万50
8	緑内障	234万70
9	関節症	207万70
10	その他の糖尿病	195万10
11	その他の歯および歯の支持組織の障害	189万60
12	ぜんそく	179万600
13	気分傷害・感情障害（躁うつ病を含む）	172万10
14	白内障	171万40
15	アレルギー性鼻炎	166万60
16	骨粗しょう症	135万90
17	アトピー性皮膚炎	125万30
18	神経症性障害, ストレス関連障害および身体表現性障害	124万300

注：「歯の補てつ」は，欠損した歯を人口の歯や冠で補い，機能を修復することです。表には「がん」が含まれていないものの（女性の「乳房の悪性新生物＜腫瘍＞」を除く），さまざまな種類のがんを合計すると，総患者数は365万6000人となります。
（出典：厚生労働省「令和2年（2020）患者調査」）

イントロダクション

2020年の日本人の患者数を，第18位まで表にまとめました。
左の列が総数，真ん中の列が男性，右の列が女性です。

男		女	
病名	患者数	病名	患者数
本態性（原発性）高血圧（症）	685万0000	本態性（原発性）高血圧（症）	818万3000
歯肉炎および歯周疾患	338万8000	歯肉炎および歯周疾患	521万5000
2型糖尿病	220万0000	脂質異常症	276万2000
う蝕	125万6000	う蝕	163万4000
脂質異常症	124万9000	関節症	155万5000
その他の糖尿病	111万8000	2型糖尿病	149万9000
前立腺肥大（症）	108万0000	歯の補てつ	133万8000
脊椎障害（脊椎症を含む）	106万7000	緑内障	131万5000
歯の補てつ	105万9000	脊椎障害（脊椎症を含む）	128万7000
緑内障	103万2000	骨粗しょう症	127万8000
その他の歯および歯の支持組織の障害	83万1000	白内障	108万6000
ぜんそく	82万6000	その他の歯および歯の支持組織の障害	106万6000
アレルギー性鼻炎	80万6000	気分傷害・感情障害（躁うつ病を含む）	105万4000
睡眠障害	71万6000	ぜんそく	97万0000
気分傷害・感情障害（躁うつ病を含む）	66万7000	アレルギー性鼻炎	86万0000
脳梗塞	65万4000	その他の糖尿病	83万3000
アトピー性皮膚炎	64万8000	乳房の悪性新生物＜腫瘍＞	83万2000
白内障	62万9000	神経症性障害，ストレス関連障害および身体表現性障害	77万9000

WHO
「病気は約1万8000種類」

　世の中には，いったいどれぐらいの病気があるのでしょうか。病気は，大ざっぱにいうと，人体が正常ではなくなった状態といえます。しかし，正常とはどういう状態なのか，正常と病気の境界はどこにあるのかなど，突きつめて考えるとむずかしい問題です。

　WHO（世界保健機関）が2019年5月に採択した「国際疾病分類（ICD）」の第11回改訂版（ICD-11）には，約1万8000種類の病気が掲載されています。ICDは，国際的に統一した基準で定められた死因と疾病の分類です。ICD-10からICD-11への改訂は約30年ぶりに行われ，病気の分類も約4000種類ふえました。

　ICD-11から新しく掲載された病気の一つに，

「ゲーム障害」があります。 ゲーム障害は依存症の一種で，ゲームの快感が忘れられないために，ゲームをやめたくてもやめられない病気です。今後も時代のうつりかわりとともに，新しい病気が追加されていくものと予想されます。

第1章

臓器の
しくみと病気

人体には，さまざまな臓器があります。そのうちの一つでも正常にはたらかなくなると，私たちは深刻な影響を受けてしまいます。第1章では，主な臓器ごとに，しくみと病気をみていきましょう。

— 脳 —

1 体よ動け！脳はコントローラー

「大脳」は，高度な精神活動をいとなむ

　ヒトの脳は，精神活動をいとなむと同時に，体の動きや感覚を統御し，さらに自律神経やホルモンを通して生命を維持する役割を果たしています。その重さは，1200〜1500グラムほどです。

　脳は，「大脳」と「小脳」と，内側にかくれた「脳幹」からなります。大脳には，視覚や聴覚，運動の指令などの決まった役割をになう領域があり，その間には高度な精神活動をいとなむ連合野が広がっています。

　小脳は，内耳の平衡感覚とともにふらつかないよう体のバランスをとったり，眼球の動きを調節したり，大脳や脊髄と結びついて運動や姿

第1章 臓器のしくみと病気

1 脳

左脳の断面をえがきました。脳は，大脳と小脳，脳幹からなります。脳幹は，間脳(視床と視床下部)，中脳，橋，延髄からなります。

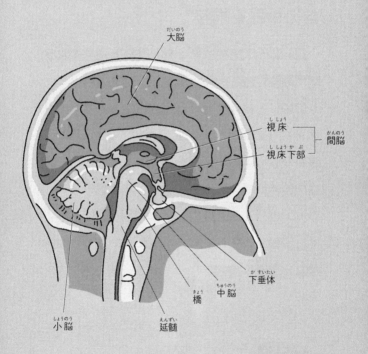

脳はさまざまな部位から構成されているコン。

勢を調節したりしています。

「中脳」「橋」「延髄」は, 自律神経を調整

脳幹は, 大脳の基部にある「間脳」と, 間脳の下にある「中脳」「橋」「延髄」からなります。

間脳は, 視床と視床下部からなります。視床は脊髄などからきた感覚の情報を大脳に伝え, 大脳からの運動の指令を調節します。視床下部は, 本能や情動の中枢であり, 下垂体からのホルモンの分泌を調節する役目もあります。中脳, 橋, 延髄は, 生命を維持するために重要な自律機能を調節しています。

「自律神経系」は, 意識的にコントロールできない心臓や胃などの, 内臓のはたらきを制御している神経系なのだ。

第1章　臓器のしくみと病気

― 脳 ―

2 脳梗塞は，脳の血管がつまっておきる

「脳血栓」と「脳塞栓」に分類される

　脳の主な病気である「脳卒中」は，脳血管障害の総称です。脳血管障害のうち，脳の血管がつまっておきる病気が「脳梗塞」です。

　脳梗塞は，血管のつまり方から，主に「脳血栓」と「脳塞栓」に分類されます。脳血栓とは，動脈硬化などで細くなった脳動脈に，少しずつ血栓（血のかたまり）ができて血流をせき止めてしまうことをいいます。一方，脳塞栓は，主に心臓でできた血栓が流れてきて，脳動脈をつまらせることでおきます。

脳塞栓は、発作に突然みまわれることもある

脳血栓には、細い脳動脈でおきる「ラクナ梗塞」と、より太い脳動脈でおきる「アテローム血栓性梗塞」があります。糖尿病、脂質異常症（高脂血症）、脳動脈硬化などの病気が原因となります。急激な血圧低下や脱水のために血液の成分濃度が高くなることによって、血液の流れの停滞がおき、発症します。年齢的には60歳以上に多くみられます。

脳塞栓は、不整脈などの心疾患、過労、酒の飲みすぎが原因となります。発作に、突然みまわれることもあります。

ほかにも、脳の病気には「脳腫瘍」というものがあって、日本では、毎年約1万5000人もの人がわずらっているそうよ。

第1章 臓器のしくみと病気

2 脳梗塞の主なタイプ

脳梗塞は、血管のつまる部位やつまり方によって、分類されます。ここでは、三つのタイプを示しました。

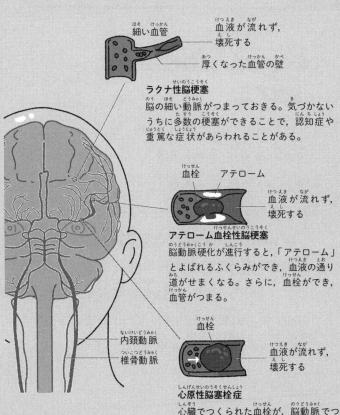

細い血管
血液が流れず、壊死する
厚くなった血管の壁

ラクナ性脳梗塞
脳の細い動脈がつまっておきる。気づかないうちに多数の梗塞ができることで、認知症や重篤な症状があらわれることがある。

血栓　アテローム
血液が流れず、壊死する

アテローム血栓性脳梗塞
脳動脈硬化が進行すると、「アテローム」とよばれるふくらみができ、血液の通り道がせまくなる。さらに、血栓ができ、血管がつまる。

内頸動脈
椎骨動脈

血栓
血液が流れず、壊死する

心原性脳塞栓症
心臓でつくられた血栓が、脳動脈でつまることでおきる。心臓でつくられる血栓は大きいため、酸欠におちいる領域が広く、重症化する場合が多い。

31

— 脳 —

3 血圧の上昇で血管が破裂。脳出血

脳出血は，脳の組織の中に出血する

　脳卒中のうち，脳の血管がやぶれておきる「頭蓋内出血」は，出血のおきる部位によって，「脳出血」と「くも膜下出血」に分けられます（くも膜下出血は35 ～ 37ページで説明します）。

　脳出血は，脳の組織である「脳実質」の中に出血する病気です。高血圧，加齢，栄養不足などによって脳内の血管が弱化し，破裂することでおきます。脳動静脈の奇形や，出血をおこしやすい全身的な病気なども原因となります。

第1章 臓器のしくみと病気

3 脳出血のおきやすい部位

脳出血は、高血圧によってもろくなった脳の動脈が、血圧の上昇などによって突然やぶれておきます。脳出血がおきやすい部位とその発症率、それぞれの症状を示しました。

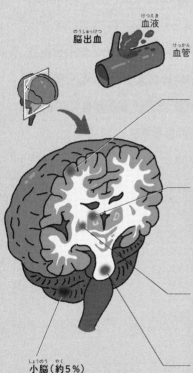

皮質（約10％）
言語障害や、物の名がわからなくなる失認証、日常の行為のしかたがわからなくなる失行症、手足のどれか一つがおかしくなる単麻痺などがみられる。

視床（約30％）
意識障害とともに、両眼が下方向を向いた寄り目となったり、半身知覚麻痺や、指をどちら側に曲げているのかわからないといった症状がみられる。

被殻（約50％）
体の半身麻痺や、顔面神経麻痺、病巣側へ両眼がかたよるなどの症状がみられる。

小脳（約5％）
病巣の反対側へ両眼が向いたり、めまいや嘔吐、起立困難、歩行困難などの症状がみられる。

橋（約5％）
瞳が小さくなる縮瞳、急激な昏睡、足の裏を刺激することで親指がそりかえる「バビンスキー反射」、硬直などがみられる。

夜間より朝夕に，季節は冬におきやすい

脳出血は，年齢では40歳以降，とくに60歳以上の高齢者に多くみられます。時間帯は夜間より朝夕に，また季節は冬におきやすい傾向があります。飲酒や過労，精神的緊張，興奮，食事や入浴などで，血圧が急に上がったときに，動脈が破裂して脳出血がおきます。

戦前の，タンパク源が少なく塩分の多い食生活下においては，脳卒中の多くは脳出血でした。

脳出血になると，急に気分が悪くなって，頭痛やめまい，嘔吐，麻痺などがあらわれるのだ。

第1章 臓器のしくみと病気

— 脳 —

4 くも膜下出血は，血管の こぶがやぶれておきる

最初の大出血で，
手術も間に合わずに死亡する

くも膜下出血は，「くも膜」の下にある，脳の外表面を走る血管の「動脈瘤」がやぶれて，くも膜と脳表面の間に出血が広がる病気です。とくに，脳表面の血管が分岐するところでよくおきます。

動脈瘤は，歳をとって血管が弱り，分岐点の血管壁が血流の圧力に耐えきれなくなると，血管がふくらんでできます。くも膜下出血では，多くの人が，最初の大出血で手術も間に合わずに死亡します。

35

脳ドックでの，未破裂動脈瘤の検出が有効

くも膜下出血の主な症状は，突然のはげしい頭痛や嘔吐，意識障害で，その後，体の片側の麻痺や失語症などがあらわれます。発作後2週間以内に再発することが多く，はじめよりも重症になりやすいです。40〜50歳の働きざかりに，くも膜下出血になる人が多くみられます。

くも膜下出血の予防には，脳ドックでの未破裂動脈瘤の検出が有効です。また，喫煙との相関が指摘されています。

くも膜の名前は，見かけがクモの巣に似ていることに由来するコン。

第1章 臓器のしくみと病気

4 脳動脈瘤ができやすい部位

くも膜下出血は，脳動脈瘤がやぶれておきます。脳動脈瘤ができやすい部位と，その発生率を示しました。

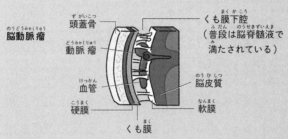

脳動脈瘤
- 頭蓋骨
- 動脈瘤
- くも膜下腔（普段は脳脊髄液で満たされている）
- 血管
- 脳皮質
- 硬膜
- 軟膜
- くも膜

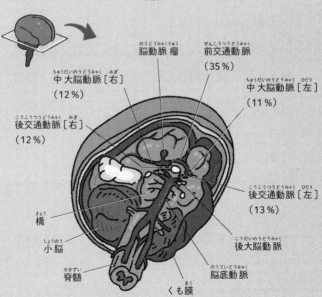

- 脳動脈瘤
- 前交通動脈（35%）
- 中大脳動脈[右]（12%）
- 中大脳動脈[左]（11%）
- 後交通動脈[右]（12%）
- 後交通動脈[左]（13%）
- 橋
- 小脳
- 後大脳動脈
- 脊髄
- 脳底動脈
- くも膜

— 歯 —

5 歯の表面は水晶に匹敵！ 人体で最もかたい

象牙質を，エナメル質が おおっている

歯は，非常にかたい組織でできています。歯の本体は，およそ70%が，リン酸カルシウムからなる象牙質でできています。

歯ぐき（歯肉）から突き出した「歯冠」では，象牙質をエナメル質がおおっています。エナメル質は，リン酸カルシウムが大半をしめ，水晶に匹敵するかたさをもつ，人体で最もかたい部分です。

歯ぐきにうもれた「歯根」では，象牙質をセメント質がおおっています。そして周囲の骨（歯槽骨）との間を，丈夫な組織（歯根膜）がつないでいます。象牙質の内部には空洞（歯髄腔）があり，その中を神経組織や血管が通っています。

38

第1章 臓器のしくみと病気

5 健康な歯の断面

健康な歯の断面をえがきました。歯冠は，象牙質がエナメル質でおおわれています。歯根は，象牙質がセメント質でおおわれています。

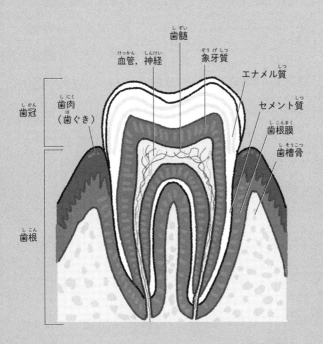

歯の内部には，血管や神経が通っているのね！

類人猿とくらべて,犬歯が目立たなくなっている

　ヒトは,かみくだく機能が退化しています。ゴリラなどの類人猿とくらべて,食べ物をかみ切る犬歯が,ヒトでは目立たなくなっています。歯の並びも,類人猿のようなU字形ではなく,あごの短縮によって放物線状に変化しています。
　口内の最も奥に生える「親知らず」は,人によっては生涯生えてきません。これも,かみくだく機能の退化の一例です。

成人の永久歯は,前歯3本と奥歯5本の8本が左右上下に4組,合計32本あるのだ。

第1章 臓器のしくみと病気

― 歯 ―

6 虫歯で歯がとけ，歯周病で歯が抜ける

虫歯菌は，糖を「乳酸」に変化させる

歯の病気で代表的なものは，「虫歯」と「歯周病」です。

虫歯は，「ミュータンス菌」などの虫歯菌がつくる酸によって，歯がとけた状態のことです。 虫歯菌は，増殖して「歯垢」をつくると，その中で糖を「乳酸」に変化させます。歯の表面は，乳酸のような酸が存在すると，カルシウムやリンがはがれやすくなります。そのため，歯がとけるのです。虫歯は，最初はエナメル質をとかし，進行すると歯の内部の神経にまで到達し，はげしく痛みます。

41

歯周病菌の歯垢が，
歯茎に炎症をおこす

歯周病は，歯茎が炎症をおこして，歯が抜けやすくなった状態のことです。主に，歯周病菌によって，引きおこされます。

歯と歯茎の境目に歯周病菌の歯垢ができると，歯茎が炎症をおこして，歯と歯茎の境目の「ポケット」とよばれるすき間が大きくなります。ポケットの中で菌が増殖すると，さらに炎症の原因物質がつくられて，骨を減らす「破骨細胞」のはたらきが強まります※。その結果，破骨細胞に歯槽骨がけずられて，歯が抜けやすくなるのです。

※：骨は，骨をふやす「骨芽細胞」と，骨を減らす「破骨細胞」のはたらきによって，常に新しくつくりかえられています。

第1章 臓器のしくみと病気

6 病気の歯の断面

病気の歯の断面をえがきました。虫歯や歯周病は,歯みがきが不十分な状態がつづいて,菌が増殖することで引きおこされます。

虫歯
菌が歯垢の中で酸をつくり,歯がとける。エナメル質から象牙質,歯髄へと症状が進んでいく。

歯周病(進行)
歯周病が進行すると,歯を支えている歯槽骨が減っていく。さらに進行すると歯が抜ける。

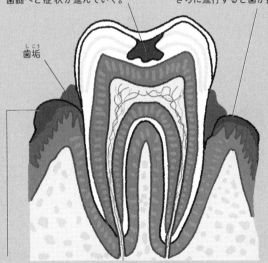

歯垢

歯周病
歯と歯茎のすき間に歯垢などの汚れがたまり,そこで増殖した菌の活動で歯茎が炎症をおこす。

何で歯を投げるんですか？

博士，何で歯を投げるんですか？

お母さんに，歯を投げてくるようにいわれたのかの？　日本には昔から，子供の歯が抜けたときに，大人の歯がすこやかに生えてくることを願って，抜けた歯を投げるならわしがあるんじゃ。

へぇ～。

下の歯が抜けたときは屋根の上に，上の歯が抜けたときは縁の下に投げるんじゃぞ。

何でですか？

新しく生えてくる歯は，抜けた歯のある方向に生えるといわれているからじゃ。それから投げるときのかけ声は，「ネズミの歯とか～わ

れ」じゃ。ネズミの歯はじょうぶで、次から次に生えてくるからの。

それだったら、虫歯になっても平気ですね！

注：歯を投げる場所やかけ声は、地域によってさまざまなちがいがあるようです。

— 心臓 —

7 心臓は，全身に血液を送る筋肉のポンプ

1日に約6000〜8000リットルを排出する

心臓は，休むことなく拍動をくりかえして血液を全身の血管に送りだす，重さ約250〜350グラムの筋肉の袋です。

心臓が1回の拍動で拍出する血液の量は，約60〜80ミリリットルです。1分間に70回ほど拍動し，約4.2〜5.6リットルを拍出します。1日に拍出する量は，約6000〜8000リットルに達します。この拍出量を調節するために，人体には大きく分けて四つのしくみが機能しています。

第1章 臓器のしくみと病気

7 心臓

心臓は,「右心房」「右心室」「左心房」「左心室」の,四つの部屋からなります。心房は血液がもどる部屋,心室は血液を送りだす部屋です。全身からの静脈血が右心房にもどり,その静脈血が右心室から肺に送りだされ,肺からの動脈血が左心房にもどり,その動脈血が左心室から全身に送りだされます。

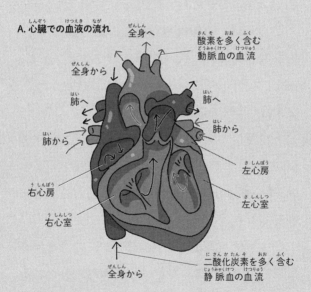

A. 心臓での血液の流れ

B. 心筋

心筋は,複数の心筋細胞の腕が,たがいに結合しています。拍動する際は,一つの細胞のように反応します。

ホルモンは，心拍数や拍出量を調節する

　一つ目は，**心臓自身による調節**です。心臓には，血液が大量にもどってくると，自動的に拍出量が増す性質があります。

　二つ目は，**自律神経の刺激による調節**です。心臓に分布している「交感神経」はアクセル，「副交感神経」はブレーキの役目をはたすことで，心拍数や心筋の収縮力を調節します。

　三つ目は，内分泌系から出る**ホルモンによる調節**です。「アドレナリン」や「ノルアドレナリン」などのホルモンは，心拍数や1回の拍出量を調節します。

　四つ目は，**血管による調節**です。血管を流れる血液の量は，太い動脈から各臓器に分かれる動脈がしまると減り，ゆるむとふえます。

第1章 臓器のしくみと病気

― 心臓 ―

8 心筋に血液が届かない。 急性心筋梗塞

「狭心症」は，心臓の動脈が 細い人におきる

代表的な心臓病に，「狭心症」と「急性心筋梗塞」があります。

狭心症は，「動脈硬化」などで心臓の「冠状動脈」が細くなり，血液流量が少なくなっている人におきます。運動などで心拍数が増加して心筋の血液需要がふえたり，一時的な血管収縮などで心筋への血液供給が不十分になったりすると，発症します。

狭心症は，運動を止めて静かにすれば，やがて回復することが多いです。いつも同じ程度の運動で発症する「安定狭心症」が多く，心筋梗塞に移行するわけではありません。

49

血栓が心臓の動脈をふさぐと，急性心筋梗塞に

一方，症状がなかった人に急におきる「不安定狭心症」は，急性心筋梗塞に進展することが多くあります。

不安定狭心症は，冠状動脈の血管内に血栓が突然でき，冠状動脈を急激にふさいでおきます。血栓が冠状動脈を完全にふさぐと心筋が壊死し，急性心筋梗塞となります。不安定狭心症と急性心筋梗塞，そして心臓突然死は，一連の疾患です。冠状動脈の根元を血栓がふさぐとほとんどが「心室細動」となり，心臓突然死を引きおこします。

心臓病は，がんや肺炎，脳卒中と並ぶ日本人の四大疾病の一つなんだコン。

第1章 臓器のしくみと病気

8 心筋に酸素を運ぶ冠状動脈

心臓の冠状動脈（A）と，冠状動脈の断面（B）をえがきました。冠状動脈は，「外膜」「中膜」「内膜」の3層からなります。内膜の内側の血液が直接ふれる面は，なめらかな「内皮細胞」でおおわれています。

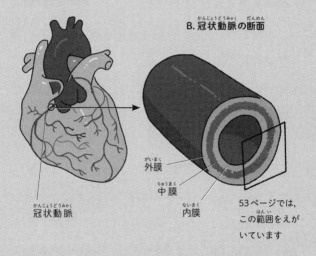

A. 冠状動脈の位置

B. 冠状動脈の断面

外膜
中膜
内膜
冠状動脈

53ページでは，この範囲をえがいています

冠状動脈は三つの層でできているのだ。

51

― 心臓 ―

9 悪玉コレステロールが, 心臓の動脈をつまらせる

脂肪分が血管内にもれると, 急速に大きな血栓に

　不安定狭心症から急性心筋梗塞を経て, 心臓突然死にいたる一連の疾患は,「急性冠症候群」といいます。急性冠症候群は, 心臓の冠状動脈にできた「粥腫」の表面が, やぶれることでおきます。

　粥腫とは, 冠状動脈の内膜に, 脂質の「酸化LDL（エル・ディー・エル）コレステロール」や免疫細胞などがたまったものです。粥腫の表面がやぶれて脂肪分が血管内にもれだすと, 異物である脂肪分に血小板が集まり, 急速に大きな血栓になります。その結果, 冠状動脈が閉塞し, 動脈血が絶たれて, 心筋が壊死をおこすのです。

第1章 臓器のしくみと病気

9 脂質のかたまりができる過程

心臓の冠状動脈に，脂質のかたまりである粥腫ができる過程をえがきました（1〜4）。

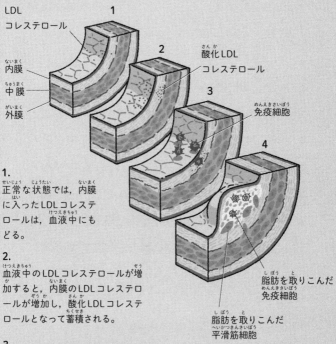

1.
正常な状態では，内膜に入ったLDLコレステロールは，血液中にもどる。

2.
血液中のLDLコレステロールが増加すると，内膜のLDLコレステロールが増加し，酸化LDLコレステロールとなって蓄積される。

3.
内膜に酸化LDLコレステロールがたまると，血液中の免疫細胞が侵入して，排除しようとする。しかし免疫細胞は，多くの脂肪を取りこむと，内膜の中に固定されてしまう。

4.
免疫細胞の影響で，中膜の平滑筋細胞の一部も内膜に移って，脂肪を取りこむようになる。こうして，酸化LDLコレステロールがたまった粥腫が形成される。

53

半数の人には，
何も前兆がみられない

　急性心筋梗塞がおきると，25％の人が，病院に到着する前に自宅や職場で突然死してしまうといわれています※。

　急性心筋梗塞がおきる前，半数の人には2〜3日前から，動いたときの胸の重苦しさや痛みなどの，狭心症発作（不安定狭心症）の前兆がみられます。しかし半数の人には，何も前兆がみられないといいます。胸を締めつけられる重い痛みが10分以上持続するなら，急性心筋梗塞と考え，ちゅうちょせずすぐに119番をかけてください。

※：日本循環器学会の「第2回日本循環器学会プレスセミナー」のウェブサイト（https://www.j-circ.or.jp/old/about/jcs_press-seminar2/index.html）。

第1章 臓器のしくみと病気

―心臓―

10 血流再開！ カテーテル手術で動脈を広げる

一刻も早く，血流を再開させる必要がある

　心臓の冠状動脈にある粥種がやぶれて，粥種内の脂肪分が血管内にもれだすと，その場所に急速に血栓が付着します。冠状動脈が血栓によって完全につまってしまうと，10〜15分で心筋細胞が死にはじめ，急性心筋梗塞になります。

急性心筋梗塞がおきた場合には，「CCU（心臓病集中治療室）」のある専門病院で，一刻も早く緊急治療を行い，血流を再開させる必要があります。最近は，地域のCCUネットワークを通じた，専門医による緊急治療が進められています。

55

血管を，内側から広げて支える金網を設置

　急性心筋梗塞を改善する治療法を，「緊急PCI（緊急経皮的冠動脈インターベンション）」といいます。緊急PCIは，閉塞した冠状動脈に「バルーンカテーテル」という細い管状の治療器具を挿入し，血流を回復させたあと，血管を内側から広げて支える「ステント」という金網を設置する治療法です。胸痛が生じてから3時間以内なら，治療効果が大きくなります。

　ステントによる治療は，1990年代に日本で発達しました。現在では，世界の標準治療となっています。

心筋梗塞を予防するには，「食生活に注意し，肥満をさけること」「日ごろから適度な運動を心がけること」「過度のストレスをさけて，気分転換を心がけること」などが大事なんだそうよ。

第1章 臓器のしくみと病気

10 カテーテル手術

カテーテル手術のうち、せまくなった左冠状動脈を広げる過程をえがきました（1～3）。冠状動脈が血栓でつまった急性心筋梗塞では、血栓の吸引なども行われます。

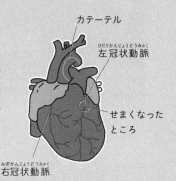

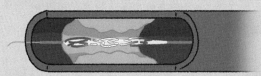

1. ステントをのせたカテーテルを挿入する

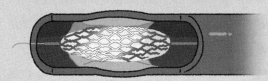

2. バルーン（風船）をふくらませると、ステントが広がり、血管を広げる

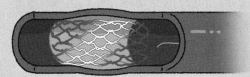

3. バルーンをしぼませて抜き取ると、ステントだけが残り、血管を支える

四百四病

　病気はいったい何種類あるのか。昔の人も、そのことは気になっていたようです。仏教では、人間がかかるあらゆる病気のことを、「四百四病」といいます。つまり、人間の病気の種類は、404種類と考えられていました。

　病気の種類を404種類と考える理由は、人間の体が「地」「水」「火」「風」の四つの要素からできており、四つの要素の調和がくずれたときに病気がおきると考えるためです。地の要素がふえると101の病気がおき、水の要素がふえると101の病気が、火の要素がふえると101の病気が、風の要素がふえると101の病気がおきると考えます。そのため、病気の種類は404種類だというのです（諸説あります）。

「四百四病の外」という言葉もあります。何でも、恋愛の苦悩は四百四病には含まれないそうで、四百四病の外といったら恋わずらいのことなのだそうです。恋愛の苦悩は、病気ではないけれど、特別扱いされていたようですね。

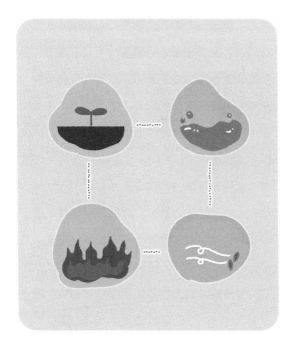

11 二酸化炭素と酸素の 出入り口。それが肺

― 肺 ―

肺胞が，ブドウの房のように つながっている

肺に至る気道は，のどの前面にある喉頭からはじまり，首と胸の中を下る気管，そして左右に分かれた気管支へとつづきます。気管支は肺の中で枝分かれし，その先に肺胞がブドウの房のようにつながっています。肺胞の薄い壁を介して，体内の二酸化炭素が空気中に排出され，空気中の酸素が体内に取り入れられます。

気管や太い気管支の壁は，大部分が軟骨に囲まれていて，内腔がつぶれにくくできています。気管支が肺の中に入ると，壁の軟骨はしだいに小さくなり，平滑筋で包まれるようになります。平滑筋は，肺の中へ入る空気の流れを調節しています。

第1章 臓器のしくみと病気

11 肺

肺は，左右1対あります。右肺は上葉・中葉・下葉の三つ，左肺は上葉・下葉の二つの区域に分かれています。左肺は，右肺よりも小さいです。これは，胸の左側に心臓があるためです。

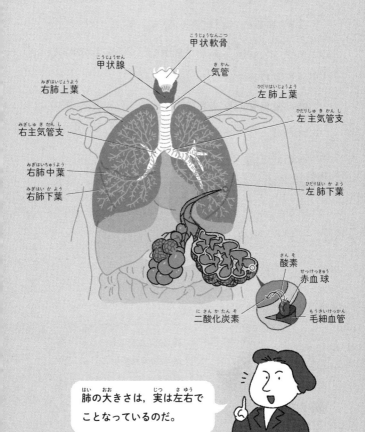

肺の大きさは，実は左右でことなっているのだ。

肺に空気を出し入れするのは，筋肉

　気管や気管支の内面の粘膜は，線毛の生えた上皮細胞でおおわれています。粘膜の粘液にとらえられた小さな異物や細菌は，のどに向かって送りだされます。

　肺に空気を出し入れするのは，筋肉です。胸の骨組みである「胸郭」にある筋肉と，胸と腹を分ける筋肉の膜である「横隔膜」，腹壁の筋肉が，収縮・弛緩することで，空気の出し入れが行われます。

肺の表面はつるつるした胸膜に包まれていて，胸郭や横隔膜が動いたときに，全体がまんべんなく広がるようになっているコン。

第1章　臓器のしくみと病気

— 肺 —

12 まちがいない！　肺がんの主な原因はたばこ

喫煙は，中枢型肺がんとの関係が深い

　外気が流れこむ気管支や肺は，空気中の病原菌や大気汚染，喫煙などの影響を受けやすいです。肺の病気で多いのは，肺胞が炎症をおこす「肺炎」です。最近では，肺炎の中でも，「肺結核」が復活の傾向にあることも見のがせません。

「肺がん」は，患者数と死亡率の両方が，増加しています。がんによる死亡率を臓器別にみると，肺がんは男性で第1位，女性で第2位です。肺がんは，喫煙が大きな危険因子で，とくに太い気管支にできる「中枢型肺がん」との関係が深いと考えられています。

63

年に1～2回は, 胸部X線の検査を

　ほかのがんと同様, 肺がんも早期の場合は, ほとんど症状がありません。ただし中枢型肺がんでは, ごく早期に, せきやたん, 血痰がみられることがあります。

　肺がんの主な検査には, 「胸部X線検査」と, たんの中のがん細胞の有無を調べる「喀痰検査」があります。早期発見のためにも, 年に1～2回は, 胸部X線検査を受けることがたいせつです。体をらせん状にスキャンして輪切りの断層画像を得る「CT検査」では, 1センチメートル以下のがんもみつけられます。

　年1回のCT検査は, がんの早期発見に有効だといわれています。

第1章 臓器のしくみと病気

12 肺がん

肺がんが発生する過程をえがきました（Aの1〜4）。がんは、正常細胞が突然変異し、無秩序にふえることで発生します。肺がんは、発生する場所によって、中枢型肺がんと「末梢型肺がん」に分けられます（B）。

A. 肺がんが発生する過程

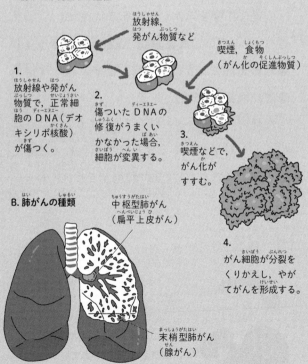

1. 放射線や発がん物質で、正常細胞のDNA（デオキシリボ核酸）が傷つく。

2. 傷ついたDNAの修復がうまくいかなかった場合、細胞が変異する。

3. 喫煙などで、がん化がすすむ。

4. がん細胞が分裂をくりかえし、やがてがんを形成する。

B. 肺がんの種類

中枢型肺がん（扁平上皮がん）

末梢型肺がん（腺がん）

— 肺 —

13 胸の形がビア樽に。たばこが招く肺気腫

肺胞が,弾性を失った状態

　喫煙の影響を大きく受ける肺の病気に,「肺気腫」があります。肺気腫は,風船がのびきってしまうのと同じように,肺胞が弾性を失った状態です。気管支も変形しやすくなっており,のびきった肺胞に押しつぶされて,入ってきた空気が出にくくなります。そうすると力を入れて吐きだそうとするので,ますます肺胞がこわれてしまいます。

人口の高齢化にともない,近年,肺気腫の患者はふえているのだ。

第1章 臓器のしくみと病気

13 肺気腫

肺気腫になった人の肺をえがきました。肺気腫になると、肺胞が破壊されてのび、肺に入ってきた空気が出にくくなります。肺内にたまった空気に胸郭が押し広げられて、胸の形がビールの樽のようになります。

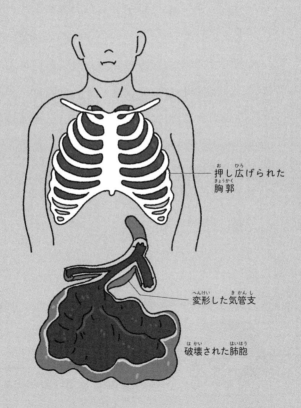

押し広げられた胸郭

変形した気管支

破壊された肺胞

肺気腫の治療は，基本的にはない

　いったんこわれた肺胞は，再生しません。肺気腫では，肺内にたまった空気によって，胸郭が押し広げられ，胸の形がビールの樽のようになってしまいます。

　喫煙は気管支や肺胞の変形，破壊を進めるので，長期間にわたって喫煙している人は，程度の差はあれ，確実に肺気腫になります。肺気腫の治療法は基本的にはなく，ゆっくりした腹式呼吸をするように，呼吸訓練を行います。

肺気腫を防ぐためには，禁煙が大事ということだね！

第1章 臓器のしくみと病気

— 肺 —

14 早期発見早期手術が, 肺がん治療の大原則

完全に切除できる場合には, 外科手術が根治的な治療法

肺がんの治療法は, 肺がんの種類によってことなります。

太い気管支にできる「扁平上皮がん」や, 末梢にできる「腺がん」や「大細胞がん」は, がんのある場所が胸腔内にかぎられていて完全に切除できる場合, 外科手術が根治的な治療法となります。がんがほかに転移していたり, とりきれなかったりする場合は, 事前に放射線療法や抗がん剤による化学療法を行います。

小細胞がんは，抗がん剤に対して反応しやすい

「小細胞がん」は，進行が速く，転移しやすいたちの悪いがんです。ごく一部の早期のものは，手術の対象になることがあります。しかし原則は，化学療法が中心です。

小細胞がんは，抗がん剤に対して反応しやすいという特徴があります。ただ一時的に効果があっても，再発することが多いので，放射線の照射も並行して行います。放射線療法の中でも，重粒子線や陽子線を使った治療の臨床研究が，進められています。

肺がんは，難治がんであるものの，早期に発見して完全にとってしまえば，十分に治すことが可能です。

第1章 臓器のしくみと病気

14 肺がんの主な手術方法

肺がんの外科手術である,「肺葉切除術」(A)と,「気管支形成術」(B)をえがきました。

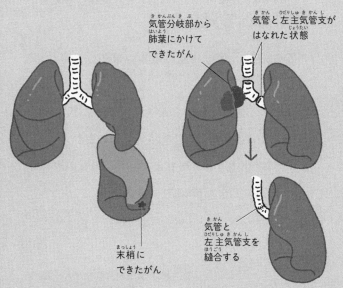

A. 肺葉切除術

気管分岐部から肺葉にかけてできたがん

末梢にできたがん

がんのある部分を,肺葉単位で切除する。イラストのような部分にできたがんの場合は,左肺下葉を切除する。

B. 気管支形成術

気管と左主気管支がはなれた状態

気管と左主気管支を縫合する

がんのある気管支と肺葉(もしくは片肺)を切除し,気管と残った気管支を縫合して,気道を再建する。

— 胃腸 —

15 胃は，消化吸収のための しこみを行う

胃の形は，内容物の量によって変わる

胃の形は，かなり変わっています。 食道につながる「噴門」から，十二指腸につながる「幽門」まで，左側に大きく張りだしています。右側の短いくぼんだ縁は「小弯」，左側の長いふくらんだ縁は「大弯」とよばれます。実際の胃の形は，人によって，また胃の内容物の量によっても，さまざまに変わります。

「噴門」は，食道から食物が入ってくるときだけ開き，胃の内容物が逆流するのを防ぐコン。「幽門」は，通過する物が中性か弱酸性なら開き，強い酸性だと閉じて，十二指腸がただれるのを防ぐコン。

第1章 臓器のしくみと病気

15 胃

胃の内部は、ひだ状になっています。食物が入ってくると、ひだを広げて、約1.5リットルの容積にまでなります。食物は、胃体で胃液といっしょにまぜ合わされます。かゆ状になった食物は、幽門から十二指腸へと送られます。

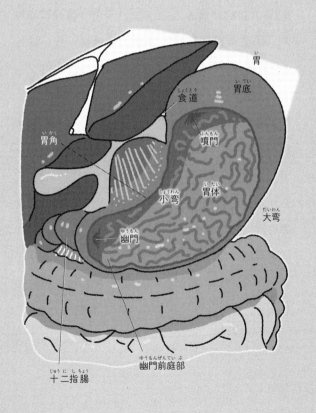

胃液の中で生きていける細菌は，ほとんどない

胃の役割は，食べた食物をいったんたくわえ，少しずつ腸に送りだすことです。たくわえている間に食物が腐るといけないので，胃液によって，消化と殺菌を行います。胃液は，強い酸性の「胃酸」やタンパク質分解酵素である「ペプシン」などからなります。

胃液の中で生きていける細菌は，ほとんどいません。しかし「ヘリコバクター・ピロリ（ピロリ菌）」という細菌は，胃酸を中和するアンモニアをつくり，胃壁の中に侵入して生きのび，胃潰瘍の原因となります。

実は胃は，切り取っても生命に支障はありません。ただし，まとまった量が食べられなくなるなど，日常生活に不便をきたします。

第1章 臓器のしくみと病気

― 胃腸 ―

16 ピロリ菌が，胃潰瘍や胃がんの原因になる

除菌で，潰瘍を高い確率で治せる

日本人は，胃の病気が多い傾向にあります。しかし近年，ライフスタイルの欧米化により，腸の病気が急速にふえてきています。

かつて慢性胃炎や胃潰瘍，十二指腸潰瘍は，ストレスや胃酸過多によっておきると考えられていました。しかし現在では，ヘリコバクター・ピロリの感染が，背後にあることがわかっています。ピロリ菌の除菌を行うことで，潰瘍を高い確率で治すことができ，再発率も低下させることができます。

腸の病気では,大腸がんが増加している

ピロリ菌は,胃がんにも深い関係があることがわかっています。ピロリ菌が,胃がんの原因となる胃粘膜の萎縮や,腸上皮化生(小腸の粘膜と似た構造になること)を誘導すると考えられています。

腸の病気では,大腸がんが増加しています。これは,動物性脂肪の摂取がふえたためだと考えられています。潰瘍性大腸炎やクローン病などの,原因がよくわからない炎症性腸疾患は,腸内細菌が関与していることが明らかになりつつあります。

クローン病は,口から肛門までの,消化管のあらゆる場所に潰瘍ができる病気なのだ。15〜25歳の若い人に多く,慢性的な腹痛や下痢,体重の減少などが症状としてみられるのだ。

第1章 臓器のしくみと病気

16 胃腸の主な病気

食道，胃，十二指腸，大腸で生じる，主な病気をえがきました。慢性胃炎，胃潰瘍，胃がん，十二指腸潰瘍は，ピロリ菌が関与していると考えられています。

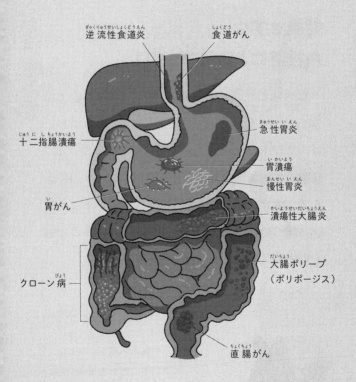

77

— 胃腸 —

17 早期のがんは、でっぱらせてワイヤで焼き切る

開腹せずに、内視鏡による治療が可能

　胃や腸のがんに対する治療は、外科手術で腫瘍をとってしまうのが原則です。早期のがんでは、ほぼ100％の治癒が期待できます。とくに、粘膜内か粘膜下層までにとどまっている早期のがんで、大きさが2センチメートル以下であり、リンパ節への転移がない場合には、開腹することなく内視鏡による治療が可能です。

内視鏡は、口や鼻から体内に送りこまれて、胃壁などのようすを調べたり、組織の一部を採取したり、早期がんや出血性潰瘍の治療をしたりすることができるんだコン。

第1章 臓器のしくみと病気

17 ストリップバイオプシー

内視鏡手術には，隆起形のがんに対して行われる「ポリペクトミー」と，平坦型や陥没型のがんに対して行われる「ストリップバイオプシー」の，二つの方法があります。ここでは，胃がんのストリップバイオプシーの流れをえがきました（1〜4）。

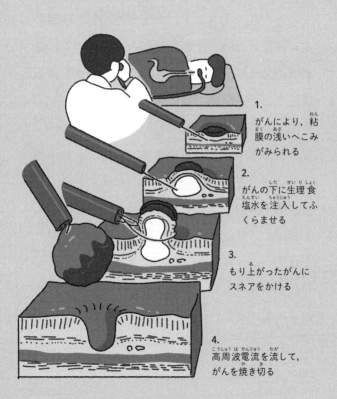

1. がんにより，粘膜の浅いへこみがみられる

2. がんの下に生理食塩水を注入してふくらませる

3. もり上がったがんにスネアをかける

4. 高周波電流を流して，がんを焼き切る

がんの下に，
生理食塩水を注入する

　表面が隆起しているポリープ状のがんでは，「スネア」とよばれるワイヤをかけ，高周波電流を流して焼き切ります。表面が平坦か，陥没しているがんでは，がん病巣のある粘膜の下に生理食塩水を注入してふくらませ，それからスネアをかけて焼き切ります。内視鏡による治療は，患者の負担も軽く，入院期間も短くてすみます。

　胃や腸の病気では，腹痛や胸やけ，食欲不振など，さまざまな症状があらわれます。一つの症状だけでは，どのような病気かを確定することが困難です。がんのように，自覚症状がほとんどないこともあります。ふだんから定期的に健康診断を受けることや，少しでも疑わしい症状があれば，検査を受けることが大切です。

第1章 臓器のしくみと病気

memo

最強にわかる **人体と病気**

ミスのおかげで培養に成功

オーストラリアの微生物学者バリー・マーシャル（1951〜）

1974年に医師の資格を取り王立パース病院で内科研修医となった

マーシャルは病院でピロリ菌を1979年に発見した病理医のロビン・ウォーレンと出会った

そして共同研究者になった

彼らはピロリ菌の培養に取り組んだものの34例まで不成功だった

35例目ではマーシャルの休暇により検体が4日間放置された

休暇明けに検体を見ると菌の1ミリほどのかたまりができていた

1982年、ついにマーシャルらはピロリ菌培養に成功した

自ら菌を飲んで証明

1983年、マーシャルらはピロリ菌が胃炎や胃潰瘍の原因らしいとの論文を発表

しかし周囲は懐疑的だった

マーシャルは動物を使った実験で証明しようとした

けれども成功しなかった

そこでマーシャルは自らピロリ菌を服用

自分の胃を用いた実験で胃炎がおきることを証明した

2005年、こうした成果が認められマーシャルとウォーレンにノーベル賞が授与された

― 肝臓 ―

18 肝臓は，休むことのない巨大な化学プラント

とくに重要な役割が，二つある

肝臓は，人体で最大の臓器です。普通の臓器には動脈と静脈の2本の血管があるのに対して，肝臓には「肝動脈」「下大静脈」「門脈」の3本の血管が出入りしています。**肝臓は多くの血液を受け入れながら，消化システムの中で重要な役割を果たしているのです。**

肝臓には，とくに重要な役割が二つあります。一つは，栄養に関する役割です。腸で吸収されて門脈を通ってきた栄養分のうち，ブドウ糖をグリコーゲンに変えたり，血液中のタンパク質であるアルブミンをつくったりしています。もう一つは，排出に関する役割です。体に不要な物質を分解して，「胆汁」の中に排出します。

第1章 臓器のしくみと病気

傷害がくりかえしおきると，「肝硬変」に

外科手術で肝臓の一部を切り取ったり，病気で一部の肝細胞が死んだりしても，肝細胞は増殖して元の組織を再生します。しかし，炎症などによる傷害がくりかえしおきると，肝細胞が失われて，結合組織の線維がふえてしまいます。これが，「肝硬変」です。肝硬変になると，肝臓の組織は元にもどれなくなってしまいます。

肝臓の重さは1～1.5キログラムなんだって。20～30代でいちばん重くて，その後，だんだん軽くなっていくそうよ。

18 肝臓のしくみ

肝臓は,直径1ミリメートルほどの「肝小葉」が集まってできています。肝臓の全体像(A),肝小葉の配列イメージ(B),肝小葉の拡大図(C)をえがきました。

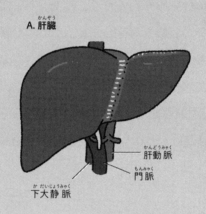

A. 肝臓
- 肝動脈
- 門脈
- 下大静脈

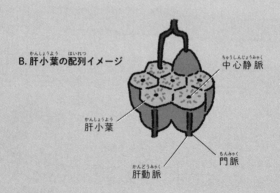

B. 肝小葉の配列イメージ
- 中心静脈
- 肝小葉
- 肝動脈
- 門脈

第1章 臓器のしくみと病気

C. 肝小葉の拡大図

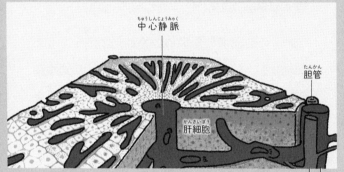

肝小葉には，二つの血管系から，ことなった性質の血液が流れこんでいます。一つは，肝動脈からの酸素に富んだ動脈血です。もう一つは，門脈からの栄養分に富んだ静脈血です。肝小葉の中では，血液が肝小葉の周辺から中心に向かって流れ，肝小葉でつくられた胆汁が肝小葉の周辺に向かって運ばれます。肝小葉の一つ一つの細胞は，このような流れに沿って，索状に配列しています。

― 肝臓 ―

19 ウイルス感染から，肝炎，肝硬変，肝がん

B型肝炎は，多くが母親の産道の中で感染する

日本の肝臓病の原因の多くは，血液を介して感染する，「B型肝炎ウイルス」と「C型肝炎ウイルス」です。「A型肝炎ウイルス」は，急性肝炎をおこすものの，慢性肝炎や肝がんはおこしません。

日本ではB型肝炎ウイルスに感染する人の多くが，母親の産道の中ですでに感染し，ほぼ生涯にわたってウイルスをもちつづけます。こうした人の1〜2割は，大人になってから慢性肝炎となり，さらに肝硬変や肝がんへと進行することがあります。

一方，大人になってから性行為などでB型肝炎ウイルスに感染した人は，急性肝炎を発症し，

第1章 臓器のしくみと病気

19 急性肝炎，慢性肝炎，肝硬変

急性肝炎（1），慢性肝炎（2），肝硬変（3）になった，肝臓の小葉をえがきました。急性肝炎が持続すると慢性肝炎となり，さらに肝硬変に進行することがあります。肝臓がんの多くは，肝硬変から発生するといわれています。

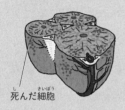

死んだ細胞

1. 急性肝炎
急性ウイルス性肝炎では，感染したウイルスを攻撃する免疫細胞が，肝細胞を破壊してしまう。その結果として，肝細胞は死に至る。

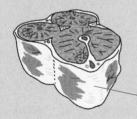

門脈域の線維化

2. 慢性肝炎
慢性肝炎では，急性肝炎のように肝細胞の死という状態はあまりみられず，門脈域が線維化する。

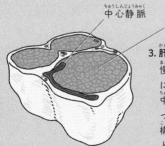

中心静脈　新たに再生した別の組織

3. 肝硬変
慢性肝炎における線維化が，さらに進む。門脈域どうし，門脈域と中心静脈が，たがいに線維によってつながってしまう。肝小葉の構造は破壊され，「再生小結節」とよばれる別の組織が再生する。

時に劇症化で命を奪われることがあります。

C型肝炎は，
7割の人が慢性肝炎に

　C型肝炎は，C型肝炎ウイルスが1989年に発見されたため，それまでは診断できませんでした。C型肝炎ウイルスは，日本の肝臓病の原因の多くを占める，重要なウイルスです。感染すると，およそ7割の人が，治りきらずに慢性肝炎になります。

　最近では，治療の進歩によって，ウイルス駆除率も100％に近づいてきました。しかし，たとえC型肝炎ウイルスを100％駆除しても，治癒後の発がんの問題は，依然としてのこっています。

第1章　臓器のしくみと病気

― 肝臓 ―

20 酒の飲みすぎや肥満が，肝臓に負担をかける

お酒を過剰に飲みつづけると，「脂肪肝」に

アルコールや薬剤が原因で，肝臓病がおきることも知られています。また最近，肥満などの生活習慣病に関連して肝臓病が生じる，生活習慣病型の肝臓病が危惧されています。ウイルス性肝炎の治療が進歩するにつれ，相対的にこれらの病気が増加傾向にあります。

　お酒は，肝臓での脂肪合成をうながすため，お酒を長期にわたって過剰に飲みつづけると，脂肪がたまった「脂肪肝」になります。さらに飲酒をつづけると，アルコール性肝炎に進行します※。

※：お酒を適量しか飲まない人の肝臓病の多くは，肝炎ウイルスによるものです。

91

肥満によっても、脂肪肝になる

「自己免疫性肝炎」は、免疫異常によって引きおこされる、慢性型の肝炎です。比較的女性に多く、早期に肝硬変に進む傾向があります。

「非アルコール性脂肪性肝炎（NASH：Non-alcoholic Steatohepatitis）」は、生活習慣病に関連しています。肥満によって脂肪肝となり、進展すると炎症がおきます。さらに進行すると肝硬変、あるいは時に、肝がんになります。

86ページの肝臓の絵とくらべて、右の肝臓はかたくなっているようにみえるね！

第1章 臓器のしくみと病気

20 肝硬変が原因の危険な状態

肝硬変になると，肝臓内の血流が悪くなり，小腸や胃から肝臓に血液を運ぶ門脈の圧力が高まります。肝臓に流れにくくなった血液は，胃や食道の細い静脈を通ろうとして，その場所の圧力が高まります。その結果，細い静脈が無理に拡張されて，破裂すると大出血をおこすような，危険な状態におちいります。

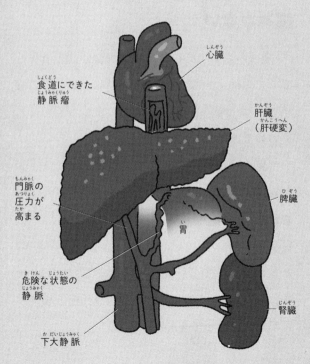

93

— 肝臓 —

21 肝臓病は無症状。予防と診断がたいせつ

肝臓病をもっている人の95％は，症状がない

「黄疸※」「体がだるい」「食欲がない」「吐き気がする」「尿がウーロン茶のように濃い」などの症状からはじまる肝臓病はきわめて少なく，これらの多くは急性肝炎です。

現実に肝臓病をもっている人の95％は，症状がないと考えたほうがよいです。**肝臓病と診断される例の多くは，健康診断などでは無症状で，血液検査やウイルス検査によって発見されます。**

ときには，すでに肝臓がんがあることもあります。そのため，定期健診（採血）や超音波検査などが重要になってきます。

※：黄疸は，全身が黄色くなる症状です。肝臓が，胆汁に「ビリルビン」をうまく排出できないときにおきます。ビリルビンは，古くなった赤血球のヘモグロビンから生じる，黄色い色素です。

第1章 臓器のしくみと病気

21 肝臓病の予防

ウイルス性肝炎，肝硬変，脂肪肝を予防するために，一般的に気をつけるべきポイントをまとめました。

肝臓病	気をつけるべきポイント
ウイルス性肝炎 （A型・E型）	発展途上国などの旅行に際して，飲料水や食事に注意する。A型肝炎ウイルスは，ワクチンで予防できる。E型肝炎ウイルスに対する有効なワクチンは，完成していない。
ウイルス性肝炎 （B型・C型）	B型肝炎ウイルスとC型肝炎ウイルスは，血液を介してうつるため，肝炎患者の血液がついたものや，衣類，食品，歯ブラシなどに気をつける。B型肝炎ウイルスにはワクチンがあり，2016年秋には定期予防接種化された。C型肝炎ウイルスに対する有効なワクチンは，まだ開発されていない。
肝硬変	ひどい症状があらわれないうちは，栄養をとる。症状があらわれてからは，タンパク質やミネラルの摂取に気を配る。
脂肪肝	ふだんから，アルコールの飲みすぎに注意する。食べすぎに，気をつける。

**肝臓がんを発症させないために，
肝臓病の予防は大切だコン。**

血小板や超音波でも，線維化の程度がわかる

　肝臓の検査では，「生検」とよばれる組織検査が有効です。しかし生検をしない場合でも，血小板の数や超音波によって，慢性肝炎の線維化の状況を調べることが可能になりました。線維化の程度によって，がん発生の頻度を知ることができます。

　日本の肝臓病の多くは，ウイルスによるものなので，「インターフェロン」などの抗ウイルス剤の治療が積極的に行われ，成果をあげています。

アルコール，あるいは生活習慣に関する肝臓病は，規則正しい生活，バランスの取れた食生活が最大の治療法なのだ。

第1章 臓器のしくみと病気

— 膵臓 —

22 膵臓には重要任務が二つ！ 一つは消化液の分泌

膵液は，三大栄養素を すべて分解できる

膵臓は，胃のうしろにある，表面がぼこぼこした細長い臓器です。長さ14〜16センチメートル，幅3〜5センチメートルほどの大きさです。

この膵臓には，重要な任務が大きく分けて二つあります。その一つが，強力な消化液である「膵液」の分泌です。

膵臓でつくられた膵液は，「主膵管」と「副膵管」という管に集められて，十二指腸内に放出されます。膵液の分泌量は，1日に1リットルほどです。膵液には複数の消化酵素が含まれており，三大栄養素である炭水化物，タンパク質，脂質を，すべて分解することができます。膵液は，

97

消化の中心的な役割を果たす消化液なのです。

膵液が逆流すると，膵臓自身が消化される

　主膵管は，「胆囊」から放出される胆汁を輸送する「総胆管」と，出口付近で合流しています。胆囊は肝臓でつくられた胆汁をためておく袋状の器官で，胆汁は脂質の消化を助ける消化液です。

　ところが総胆管の出口がつまってしまうと，膵液が膵臓に逆流してしまい，膵臓自身を消化してしまいます。これが「膵炎」です。総胆管の出口をつまらせる主な原因は，胆囊でつくられる「胆石」です。

第1章 臓器のしくみと病気

22 膵臓

膵臓から十二指腸へつながっている主膵管と副膵管と，胆嚢から十二指腸へつながっている総胆管をえがきました。主膵管と総胆管は，十二指腸の壁内で合流しています。

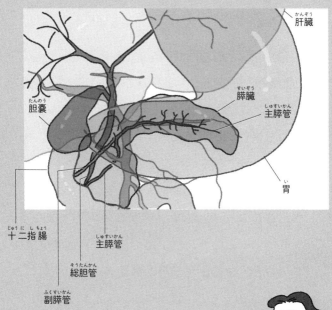

膵臓は胃のうしろにあって，その管は胃の下流の十二指腸につながっているのだ。

99

― 膵臓 ―

23 膵臓のもう一つの重要任務は，インスリンの分泌

血糖値の上昇を感知すると，インスリンを分泌

膵臓の二つの重要任務のうちのもう一つは，「血糖値」を下げるホルモンである，「インスリン」の分泌です。血糖値とは，血液中を流れるグルコース（ブドウ糖）の濃度のことです。

私たちがご飯やパンなどの食べ物を食べると，食べ物に含まれる炭水化物が唾液などで消化され，グルコースとして小腸から吸収されます。そして，グルコースが小腸の細胞から血管に流れこむと，血糖値が上昇します。この血糖値の上昇を感知すると，膵臓はインスリンを分泌します。

100

第1章 臓器のしくみと病気

23 インスリンのはたらき

小腸から取りこまれたグルコースが，膵臓から分泌されたインスリンのはたらきによって，筋肉や脂肪に取りこまれるまでをえがきました（1〜3）。

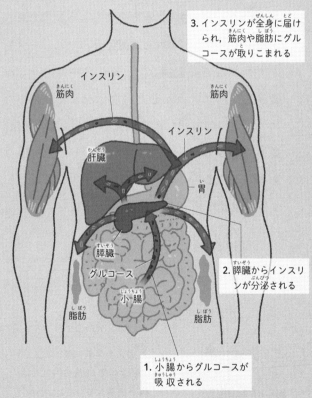

注：このイラストでは，見やすくするために，膵臓をいちばん手前にえがいています。

吸収した栄養分を,たくわえるための機能

インスリンは分泌されると,筋肉や肝臓,脂肪の細胞に,グルコースを取りこむようにはたらきかけます。するとそれらの細胞が,グルコースを中性脂肪などに変換して,細胞の中に取りこみます。これは,吸収した栄養分をたくわえるための,人体の大切な機能です。そしてその結果,血液中のグルコースの濃度が下がり,血糖値はある一定の濃度にもどります。これが,膵臓の二つ目の重要任務です。

体のエネルギー源となるグルコースの供給量の約20%は,脳が消費しているといわれているコン。

第1章 臓器のしくみと病気

memo

— 膵臓 —

24 インスリンが効かない…！ 糖尿病の発症

血糖値が下がらなくなってしまう

インスリンが膵臓から分泌されなくなったり，十分に分泌されているにもかかわらず細胞レベルでうまくはたらかなくなったりすると，血糖値が下がらなくなってしまいます。血糖値が一定の基準をこえて高くなっている状態，それが「糖尿病」です。

糖尿病には，インスリンを分泌する細胞がこわれておきる「1型糖尿病」と，インスリンの効果が低下しておきる「2型糖尿病」があります。

第1章 臓器のしくみと病気

体全体をむしばむ，おそろしい病気

　糖尿病になると，血管の劣化が進みます。劣化した血管は「動脈硬化」をおこし，心筋梗塞や脳梗塞の原因となります。

　また，血管の劣化は，腎臓の機能が落ちる「腎症」や，眼の網膜の細い血管が破れて出血する「網膜症」，手足がしびれる「神経障害」を引きおこします。腎症，網膜症，神経障害は，「糖尿病三大合併症」とよばれます。その他にも，意識障害，白血球の機能低下，腎臓の機能低下，足の壊死など，さまざまな合併症を引きおこします。糖尿病は，体全体をむしばむ，おそろしい病気なのです。

糖尿病の患者は，推計で国内に約1000万人いるとされるのだ。いわゆる生活習慣病とされるのは，糖尿病の大部分を占める「2型」なのだ。

24 ２型糖尿病

２型糖尿病になると，インスリンの刺激が細胞内に伝わらなくなるため，細胞内にグルコースがあまり取りこまれなくなります。その結果，食後も血糖値が下がらず，高血糖状態が長くつづきます。

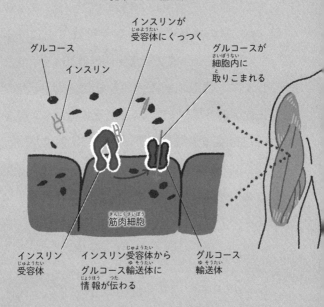

A. 健常な人の筋肉細胞

第1章 臓器のしくみと病気

B. 2型糖尿病の人の筋肉細胞

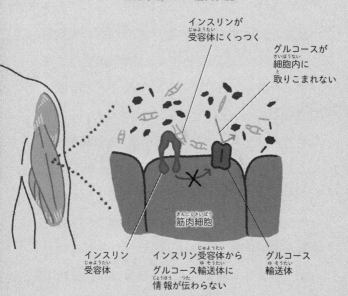

―膵臓―

25 糖尿病の予防と治療は, とにかく食事と運動

食事療法は, 医者や管理栄養士に相談

糖尿病に対する予防と治療の3本柱は,「食事療法」「運動療法」「薬物療法」です。薬物療法が進歩した現在においても, 食事療法と運動療法が重要であることに変わりはありません。

食事療法では, 糖質(炭水化物)を制限すべきだと思うかもしれません。しかし, 過剰な糖質制限を, 安易に行うべきではありません。炭水化物を制限したとしても, かわりにタンパク質や脂質を多く摂取した場合, 総カロリー量は変わらず, 体重は減りません。食事療法は, 独断で行わず, 医者や管理栄養士に相談することが重要です。

第1章 臓器のしくみと病気

25 糖尿病の発症率

下のグラフは、糖尿病の累積発症率です。糖尿病治療薬の「メトホルミン」を服用したグループよりも、生活習慣の改善を行ったグループのほうが、糖尿病の発症率が下がりました。

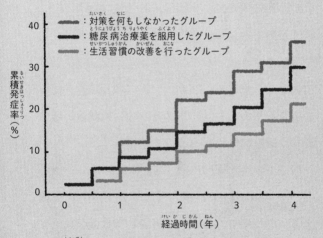

凡例：
- 対策を何もしなかったグループ
- 糖尿病治療薬を服用したグループ
- 生活習慣の改善を行ったグループ

縦軸：累積発症率（%）
横軸：経過時間（年）

（出典：Knowler WC. et al.: N Engl J Med, 346 : 393-403, 2002）

薬を飲むよりも、生活習慣を改善するほうが、糖尿病になりにくいんだ！

運動は，インスリンとはことなるしくみ

食後の運動は，食事による血糖値の上昇をおさえます。

2型糖尿病では，インスリンが分泌されても，筋肉が糖を取りこまないために，血糖値がなかなか下がりません。しかし運動は，インスリンとはことなるしくみで，筋肉への糖の取りこみを促進します。そのため，インスリンの効果が低い場合でも，運動は効果があるのです。

糖尿病の合併症が重い場合は，はげしい運動を行ってはいけない場合もあります。不安な場合は，かかりつけの医者に相談しましょう。

2型糖尿病を発病する年齢は，一般に中年以降だけど，日本では食生活の欧米化にともない，若年者や児童でも増加しているコン。

第1章 臓器のしくみと病気

— そのほか —

26 視野がかける緑内障，視界がぼやける白内障

網膜から脳へ，電気信号が伝わらなくなる

近年の日本人の失明原因の第1位は，「緑内障」だといわれています。緑内障とは，視野の欠けや視力の低下が生じる病気です。視神経が圧迫されて，網膜から脳へ電気信号が伝わらなくなります。徐々に進行するため自覚はむずかしく，回復の手段もありません。

緑内障の原因は，高い眼圧だと考えられていました。しかし，日本人の緑内障患者の過半数は，眼圧が正常値であるにもかかわらず視神経が障害を受ける「正常眼圧緑内障」であることがわかっています。その原因は，まだよくわかっていません。

111

水晶体は、にごると元にもどせない

「白内障」は、視界のぼけやちらつき、視力の低下が生じる病気です。眼の水晶体が、にごることでおきます。

原因は、一般的に紫外線を浴びるなどの、日

26 緑内障と白内障

緑内障（A）と白内障（B）について、まとめました。

A. 緑内障

40代から増加

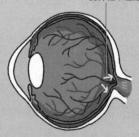

視神経が圧迫される

症状
視野が欠ける。進行が遅く、自覚症状はあまりない。

異常な部位
視神経。視神経が圧迫されて、電気信号が送られない。

原因
よくわかっていない。

第1章 臓器のしくみと病気

常生活でさけられないものです。水晶体は,にごってしまうと元にもどせません。そこで,水晶体の中身を吸いだし,人工の「眼内レンズ」を入れる手術が行われます。眼内レンズの登場によって,白内障による失明の危険性は少なくなりました。

注:手術方法が確立される前は,白内障は失明原因の上位を占めていました。

B. 白内障

80代の大部分

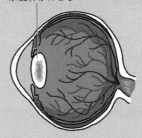

水晶体がにごる

症状
視界のぼけやちらつき,視力低下。

異常な部位
水晶体。にごるために,光の透過性が失われる。

原因
紫外線など。

113

— そのほか —

27 いつもの生活習慣が原因！高血圧と脂質異常症

将来的に，狭心症，心筋梗塞，脳梗塞，脳出血

　高血圧症とは，高い血圧※1がつづく状態で，「静かなる暗殺者（サイレントキラー）」ともいわれます。高血圧症の人は，動脈硬化が進行して，将来的に狭心症や心筋梗塞，脳梗塞，脳出血になる危険性が高いためです。高血圧症は，9割以上が，原因がわからない「本態性高血圧」と診断

されます。

　高血圧症の治療は，生活習慣をあらためることが第一です。とくに食塩のとりすぎには，注意が必要です。また，適度な運動をすることも大事です。

第1章　臓器のしくみと病気

狭心症，心筋梗塞，脳血管障害の危険因子

　脂質異常症とは，コレステロールや中性脂肪などの脂質が，血液中に高濃度※2に含まれる状態です。**脂質異常症は，狭心症や心筋梗塞，脳血管障害など，命にかかわる病気につながる危険因子です。**

　脂質異常症の治療は，食事療法が第一です。コレステロールを含む食べ物を制限し，コレステロールの吸収をさまたげる繊維分を多くとり，肥満にならないようにします。中性脂肪を減らすには，運動療法も効果的です。また，薬剤による治療も，有効です。

※1：日本高血圧学会のガイドライン2019年版では，「縮期血圧（最高血圧）140㎜Hg以上，または拡張期血圧（最低血圧）が90㎜Hg以上」と定義されています。

※2：日本動脈硬化学会のガイドライン2017年版では，診断基準は，「中性脂肪が150dL以上，LDL-コレステロールが140dL以上，HDL-コレステロールが40dL未満のいずれか」と定義されています。

115

27 血液中の食塩と脂質

血液中の食塩（A）と，血液中の脂質（B）をえがきました。

A. 血液中の食塩

1. 血液中の食塩は，イオンに分かれて溶けています。食塩をとると，血液中のナトリウムイオン濃度が上がります。

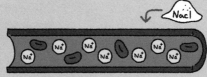

2. ナトリウムイオン濃度を下げようとして，血液に水が足されます。血液量がふえ，血管内の圧力が高くなります。

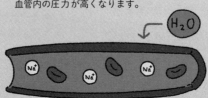

B. 血液中の脂質

血液中の脂質は、「リポタンパク質」という粒子に含まれています。リポタンパク質は、脂質とタンパク質の複合体です。水に溶けない「コレステロール」などの脂質は、リポタンパク質に含まれることで、血液中の水に溶けることができます。

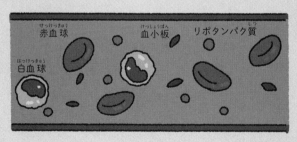

第2章

免疫のしくみと病気

人体には，病原体から体を守るシステムがそなわっています。免疫です。しかし，特定の異物がくりかえし体に入ると，免疫が過剰に反応する，「アレルギー」になってしまいます。第2章では，免疫のしくみと病気をみていきましょう。

1 リンパ系が，免疫の防衛システムの中心

免疫の主役は，「抗体」というタンパク質

人間は，免疫によって，ウイルスや細菌などの病原体から体を守っています。免疫の主役は，特定の物質と結合する，「抗体」というタンパク質です。抗体が結合する物質は，「抗原」といいます。

免疫は，自分の体の成分ではないさまざまな抗原に対して，抗体をつくることができます。そして侵入してきた抗原の種類に応じて，特定の抗体だけを大量につくることができます。このはたらきを担当するのが，「リンパ球」とよばれる免疫細胞のグループです。

第2章 免疫のしくみと病気

1 リンパ系と関係臓器

リンパ系は，全身に広がるリンパ管と，リンパ管の各所に多数存在するリンパ節からなります。リンパ球は，骨髄で生まれ，胸腺や脾臓，リンパ節などのリンパ組織で成熟します。

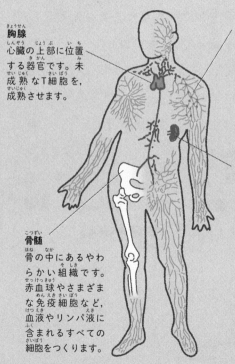

胸腺
心臓の上部に位置する器官です。未成熟なT細胞を，成熟させます。

リンパ節
リンパ管のところどころにある組織です。リンパ液をろ過して，病原体や異物を取りのぞきます。B細胞やT細胞，マクロファージなどが集まっています。

脾臓
胃の横にある器官です。血液をろ過して，古くなった赤血球を破壊したり，病原体や異物を取りのぞいたりします。B細胞やT細胞，マクロファージなどが集まっています。

骨髄
骨の中にあるやわらかい組織です。赤血球やさまざまな免疫細胞など，血液やリンパ液に含まれるすべての細胞をつくります。

121

リンパ系や血液に含まれる
リンパ球

　リンパとは，血管の外にしみ出した血液中の液体のことで，「リンパ液」ともいいます。リンパ液は，全身をめぐりながら老廃物を回収し，「リンパ管」を通ってふたたび血液にもどります。リンパ液に含まれる免疫細胞のうち，大部分を占めるのがリンパ球です。

　リンパ球が抗原を認識する場所は，リンパ管の途中にある「リンパ節」や，「脾臓」，消化管や呼吸器の粘膜にある「リンパ組織」などです。リンパ管とリンパ節は「リンパ系」とよばれ，免疫の防衛システムの中心となっています。

注：リンパ球には，抗体をつくる「B細胞」や，B細胞に抗体をつくらせる「T細胞」，ウイルスに感染した細胞やがん化した細胞を殺す「NK細胞」などの種類があります。リンパ球のほかに，「単球」や「顆粒球」という免疫細胞のグループもあります。

第2章 免疫のしくみと病気

memo

2 侵入者発見！ 病原体とたたかう免疫細胞たち

免疫細胞が，とらえて食べる

のどで，病原体とたたかう免疫細胞を見てみましょう。

免疫細胞は，のどの粘液を突破してくる病原体を，「リンパ濾胞」とよばれる場所で待ち受けます。リンパ濾胞は，感染防御のいわば最前線ともよべる場所で，多くの免疫細胞が集まっています。

病原体が侵入してくると，免疫細胞の「マクロファージ」や「樹状細胞」が反応し，とらえて食べます。これは，侵入してきた病原体をいち早く感知して排除する，「自然免疫」とよばれるしくみです。

第2章　免疫のしくみと病気

ウイルスにあった抗体をつくり，放出する

　免疫細胞のはたらきは，病原体を食べたら終わりというわけではありません。樹状細胞は，病原体を飲みこむと，病原体の情報を免疫細胞の「T細胞」に伝えます。そして情報を受けとったT細胞は，免疫細胞の「B細胞」に抗体をつくる指示を出します。すると指示を受けたB細胞が，病原体に合った抗体をつくり，放出します。放出された抗体は，病原体に結合して，病原体を無力化します。これは，侵入した病原体に合わせた反応をする，「適応免疫（獲得免疫）」とよばれるしくみです。

注：マクロファージや樹状細胞は，単球という免疫細胞のグループに含まれます。

125

2 免疫細胞と病原体のたたかい

免疫細胞がのどで、かぜを引きおこすウイルスや細菌とたたかうようすをえがきました（1～8）。

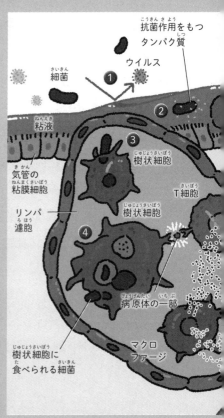

1. 粘液は、異物の侵入を防ぎます。

2. 粘膜細胞から分泌された抗菌作用をもつタンパク質によって、細菌は死滅します。

3. マクロファージや樹状細胞が病原体を食べて、排除します。

4. 病原体を食べた樹状細胞が、病原体の情報をT細胞に伝えます。

第2章 免疫のしくみと病気

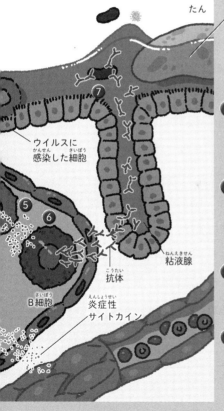

たん: たんは，死んだ免疫細胞や病原体，異物などの集まり

❺ 病原体の情報を受けとったT細胞は，B細胞やマクロファージに指示を出します。

❻ 指示を受けたB細胞は，病原体に合わせた抗体をつくり，放出します。

❼ 抗体は病原体に結合して，病原体を無力化します。

❽ 指示を受けたマクロファージは，サイトカインを分泌し，血管を広げて，免疫細胞をよびよせます。

127

3 また来た!! 免疫の過剰な反応が，アレルギー

B細胞は，「IgE抗体」を放出する

「アレルギー」は，特定の異物がくりかえし体に入ることで，免疫が過剰に反応するようになってしまった状態です。「花粉症」も，アレルギーの一種です。花粉症がおきるしくみを，みてみましょう。

まず，鼻の内部に侵入した花粉の成分は，樹状細胞に取りこまれます。樹状細胞は，T細胞に花粉成分の情報を伝えます。そしてT細胞は，B細胞に抗体をつくる指示を出します。するとB細胞は，花粉成分に結合する「IgE抗体」をつくり，放出します。

第2章　免疫のしくみと病気

肥満細胞が，「ヒスタミン」などを分泌する

　ＩｇＥ抗体は，「肥満細胞」という免疫細胞の表面にくっつきます。この状態を「感作」とよびます。ふたたび花粉の成分が体内に侵入すると，花粉の成分は，肥満細胞の表面にあるＩｇＥ抗体に結合します。すると肥満細胞は，「ヒスタミン」などの化学物質を分泌します。ヒスタミンは，鼻水を出させたり，目をかゆくさせたり，涙を出させたりします。これが，花粉症なのです。

　「気管支ぜんそく」や「アトピー（アレルギー性皮膚炎）」も，同じしくみで引きおこされます。

注：肥満細胞は，化学物質をためこんでふくらんでいることから，肥満と名づけられました。脂肪による体の肥満とは，関係がありません。

129

3 免疫細胞の花粉との戦い

免疫細胞が鼻で，花粉とたたかうようすをえがきました（1〜11）。花粉の2度目の侵入で，アレルギー反応がおきます。

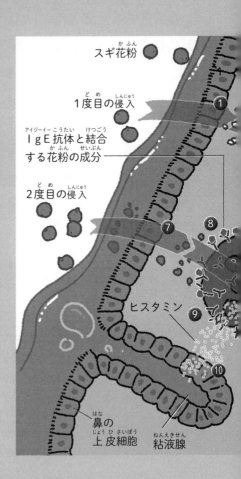

1. 花粉がこわれて，鼻の粘膜に入ります。

2. 樹状細胞が，花粉を食べて排除します。

3. 樹状細胞が，花粉の情報をT細胞に伝えます。

4. T細胞が，B細胞に指示を出します。

5. B細胞が，IgE抗体をつくり，放出します。

第2章 免疫のしくみと病気

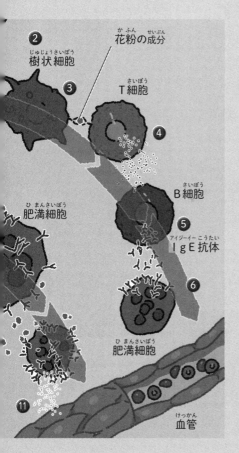

6 IgE抗体が、肥満細胞にくっつきます。

7 もう一度、花粉が体内に入ります。

8 花粉が、肥満細胞の表面にあるIgE抗体に結合します。

9 肥満細胞が、ヒスタミンを分泌します。

10 ヒスタミンが、鼻の粘液の量をふやします。

11 ヒスタミンが、鼻の粘膜を腫らせます。

131

サルも花粉症になるんですか?

博士, サルも花粉症になるんですか? この前テレビで, サルが鼻水を流して, くしゃみをしてました。

うむ。調査で, ニホンザルも, スギ花粉症になることがわかっておる。人間と同じように, 鼻水やくしゃみ, 目のかゆみといった症状が出るそうじゃ。

へぇ〜。花粉の季節は, サルも大変なんですね。

サルだけじゃないぞ。スギ花粉症のイヌやネコ, ブタクサ花粉症のイヌなども確認されておる。イヌの場合は, 皮膚炎の症状が出ることが多いそうじゃ。

花粉症の動物が, ほかにもいるかもしれませんね!

そうじゃな。花粉症の動物の研究が進むことによって、花粉症のしくみや治療法についての研究も、進むと期待されておるぞ。

へぇ〜。

4 気管支ぜんそくは，気管支の気道がせまくなる

典型的な症状は，ぜい鳴と呼吸困難

気管支ぜんそくは，アレルギー性疾患の代表的なものです。呼吸器疾患の中で，患者数が最も多い病気となっています。

典型的な症状は，呼吸のたびに「ヒューヒューゼイゼイ」という音を立てる「ぜい鳴」と，呼吸困難です。発作はせきとたんをともない，たいてい夜中から明け方にかけておきます。

ぜんそくがこわいのは，ほかのアレルギー性疾患とちがって，発作により死亡する場合があることです。夜間の軽いぜい鳴とせき，たんだけの段階で治療をはじめれば悪化は防げます。しかし放置すると，呼吸困難がおきるようになり，だんだん重い症状に移行します。

134

第2章 免疫のしくみと病気

4 ぜんそく発作時の気管支

ぜんそく発作時の気管支では，粘膜の上皮細胞がはがれ，粘膜の中に炎症をおこす免疫細胞の「好酸球」やヒスタミンなどがいちじるしく増加します。粘膜は，毛細血管からしみでた水分でむくみます。粘液が多く分泌され，たんとなって気道につまります。

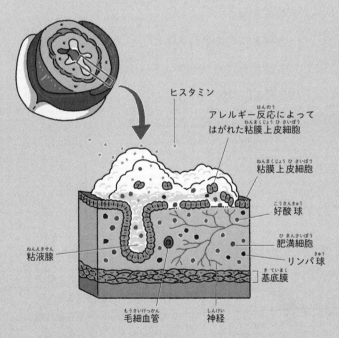

ヒスタミン
アレルギー反応によってはがれた粘膜上皮細胞
粘膜上皮細胞
好酸球
肥満細胞
リンパ球
基底膜
粘液腺
毛細血管
神経

注：好酸球は，顆粒球という免疫細胞のグループに含まれます。顆粒球にはほかに，ヒスタミンなどを分泌する「好塩基球」や，細菌などを食べる「好中球」があります。

気道がせまくなり，吸ったり吐いたりできない

気管支ぜんそくの発作では，アレルギー反応によって，気管支に変化が生じます。**気道がせまくなり，息を吸ったり吐いたりすることができなくなります。**

発作の誘引の最たるものとして，かぜのウイルス感染があげられます。最近は，「自然リンパ球（ILC2）」のはたらきが強まることで，発作が誘発されることが知られています。

ぜんそくは，つねに気道で炎症がおきていて，敏感になっているのが特徴で，かぜや運動，気温の変化など，さまざまなきっかけで発作がおきるのだ。

第2章　免疫のしくみと病気

5 気管支ぜんそくは，初期のうちに薬で治す

重症の場合，「生物学的製剤」を用いることも

気管支ぜんそくの治療には，「抗アレルギー薬」や「気管支拡張薬」，「ステロイド薬」など，症状に応じた薬が使われます。

　重症の場合には，入院して治療ということもあるものの，最初は「生物学的製剤」を用いることがあります。生物学的製剤とは，化学的に合成された薬ではなく，生物がつくるタンパク質などを応用した薬です※。

※：ぜんそくの生物学的製剤には，「オマリズマブ」（製品名：ゾレア®），「メポリズマブ」（製品名：ヌーカラ®），「ベンラリズマブ」（製品名：ファセンラ®），「デュピルマブ」（製品名：デュピクセント®）などの種類があります。

137

職業上，アレルギーに なりやすい人がいる

薬は決められた量を決められた時間に飲み，症状が軽くなったからといって飲むのをやめないことがたいせつです。初期のうちにきちんとした治療が行われ，発作のおきない状態が長くつづけば，完治することもあります。

アレルギー性疾患には，遺伝的な要因が強いといわれています。また職業上，特定の「アレルゲン（アレルギー原因物質）」と接する機会の多い人も，アレルギー性疾患になる可能性が高いです。たとえば，小麦粉を使うパン職人や，うるしを使ううるし職人などです。

ぜんそくの患者は，ダニの死骸の破片とか，ハウスダストなどを吸いこんでしまうと，アレルギー反応がおきるそうよ。

第2章 免疫のしくみと病気

5 ぜんそく発作の治療

ぜんそくの発作がおきた135ページの気管支に，吸入ステロイド薬を使って治療したところをえがきました。好酸球が消え，筋肉の収縮がゆるみ，粘膜のむくみもとれて，気道が広がっています。正常に近い状態です。

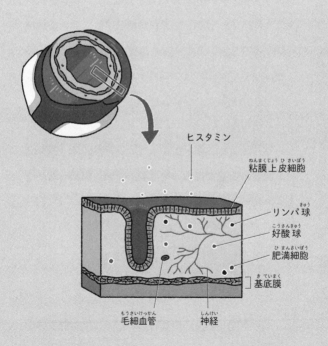

ペットアレルギー

卵や乳製品などの「食品」に，ダニやカビなどの「ハウスダスト」，「花粉」，「金属」，「ラテックス（天然ゴム）」など，アレルギーにはさまざまな種類があります。その中で，近年とくにふえているのが，イヌやネコ，インコなどの「ペット」に対するアレルギーだといいます。

ペットアレルギーがふえている背景には，マンションなどの気密性の高い家で，ペットを室内飼いする人がふえていることがあると考えられています。ネコやイヌのはがれた皮膚や，インコの乾燥したふんなどが，密閉された部屋の中に充満して，アレルギーの発症につながってしまうのです。

ペットアレルギーにならないためには，部屋の清掃や換気をこまめに行うことに加えて，ペットと

の過剰な接触をさけることも重要です。 ペットといっしょに寝床に入ることや，ネコを飼う人がするいわゆる「ネコ吸い」などは，できるだけひかえたほうがいいでしょう。

6 免疫細胞が自分を攻撃してしまう，自己免疫疾患

胸腺は，T細胞を選別する

アレルギーのほかにも，免疫が過剰に反応することでおきる疾患があります。「自己免疫疾患」です。自己免疫疾患とは，自分の体をつくっているタンパク質に対して，自分自身の免疫が反応してしまうことで生じる病気です。

T細胞のもととなる細胞は，骨髄で生まれ，「胸腺」という器官へ移動します。胸腺は，T細胞を選別して，自己と非自己を見分けられるT細胞だけを全身に送りだす役割をもちます。胸腺内を通るT細胞のうち，胸腺のタンパク質と強く結合するT細胞は，「自己反応性T細胞」といいます。自己反応性T細胞は，自分を攻撃してしまう危険性があるため，胸腺からの指示を受けて，自発的に死んでいきます。

142

第2章　免疫のしくみと病気

6 代表的な自己免疫疾患

代表的な自己免疫疾患を示しました。自己免疫疾患は，全身の
あらゆる臓器で発症する可能性があります。

全身性エリテマトーデス
免疫細胞が，自分のDNA
に対して反応してしまい，
全身に炎症反応がおきます。

円形脱毛症
免疫細胞が，毛根組織
を攻撃してしまい，脱
毛がおきます。

バセドウ病
免疫細胞が，甲
状腺を誤って強
く刺激してしま
い，甲状腺ホル
モンが必要以上
につくられます。

多発性硬化症
免疫細胞が，神経
細胞を包む「ミエ
リン」という構造
を攻撃してしま
い，神経伝達に異
常がおきます。

橋本病
免疫細胞が，甲
状腺を攻撃して
しまい，甲状腺
のはたらきが低下
します。

1型糖尿病
免疫細胞が，イン
スリンをつくる膵
臓のβ細胞を攻撃
してしまい，血糖
値が常に高い状態
になります。

重症筋無力症
免疫細胞が，神経組織
と筋肉の接合部を攻撃
してしまい，神経から
の刺激が筋肉に伝わり
づらくなります。

関節リウマチ
免疫細胞が，骨と骨が連結する部分
である関節を攻撃してしまい，関節
痛や手足の関節の変形がおきます。

143

一部の自己反応性T細胞は，運ばれてしまう

　胸腺の選別によって，自己反応性T細胞は排除されます。しかし，一部の自己反応性T細胞は，排除されずに，体のすみずみ（末梢）にまで運ばれてしまいます。自己反応性T細胞は，普段は自己を攻撃することはないものの，さまざまなきっかけで活動が高まると，自己免疫疾患が引きおこされてしまうのです。

最終的に，胸腺から出ていくT細胞の数は，もとの細胞の5％程度だと考えられているのだ。

第2章　免疫のしくみと病気

7 自己免疫疾患のきっかけは，免疫細胞の勘ちがい

病原体のタンパク質の一部が，自己と似ている

　ではどのようなきっかけで，T細胞の活動が高まり，自己を攻撃するようになってしまうのでしょうか。

　一つ目は，病原体のタンパク質の一部（抗原）が，自己の成分とよく似ている場合です。たとえば「溶血性レンサ球菌」という細菌がもつある種のタンパク質は，心臓の心筋細胞にある「ミオシン」というタンパク質と，構造が似ています。そのため，溶血性レンサ球菌に感染して，この細菌の抗原を認識するT細胞の活動が高まると，誤って心筋細胞も攻撃してしまうのです。これが「リウマチ熱」です。

145

病原体と正常な細胞を，同時に取りこむ

二つ目は，樹状細胞が病原体と正常な細胞の死がいを，同時に取りこんだ場合です。

樹状細胞は病原体を取りこむと活動が高まり，その情報をT細胞に渡して，T細胞の活動を高めます。しかし実際のところ，樹状細胞は，完全に病原体だけを取りこむことはできません。正常な細胞の死がいも，同時に取りこんでしまうことがあるのです。この場合，自己の抗原に反応するT細胞もまちがって活性化させてしまい，結果的に自己免疫疾患を引きおこしてしまいます。

自分の細胞の死骸も食べちゃうなんて，食いしんぼうだコン！

第2章 免疫のしくみと病気

7 自己免疫疾患のメカニズム

自己免疫疾患を発症するメカニズムのうち，樹状細胞が病原体と正常な細胞の死がいを，同時に取りこんだ場合をえがきました（1a〜3b）。病原体を攻撃するT細胞に加え，自己の細胞を攻撃するT細胞も，活性化されてしまいます。

1a.
病原体が樹状細胞に取りこまれます。

2.
樹状細胞の中で，両方の抗原が混じり合います。

3a.
病原体の情報を受け取ったT細胞は，その病原体を排除します（正しい免疫反応）。

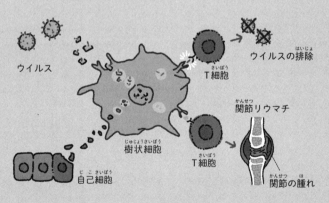

1b.
自己細胞の死骸も，同時に樹状細胞に取りこまれます。

3b.
自己細胞の情報を受け取ったT細胞は，誤って自分の組織を攻撃してしまいます（自己免疫疾患の発症）。

8 スキンケア重要！肌荒れからアトピーに

皮膚の機能を保つ「フィラグリン」

近年，アトピーに関しても，発症にかかわる重要な因子が発見されました。それが，皮膚の機能を保つタンパク質である「フィラグリン」です。

研究によると，アトピー患者の約30％で，フィラグリンをつくる遺伝子に異常があることがみつかったのです。

フィラグリンは，皮膚の表層の「角質層」で，層状になった「角質細胞」の並びを正常に保つはたらきがあります。フィラグリンに異常があったり，量が減ったりすると，角質層の構造が乱れやすくなり，異物が入りこみやすい状態となります。

第2章 免疫のしくみと病気

8 スキンケアの基本

清潔な皮膚を保ち、乾燥を防ぐことが、スキンケアの基本です。そのために重要なのが、入浴方法です。お湯の温度は40℃程度とぬるめにし、皮脂が必要以上に奪われてしまわないように、過度な長湯はさけるようにしましょう。

石鹸の成分が肌に残らないように、よくすすぎます。

皮膚の角質層が残っているうちに、保湿剤を丁寧に塗ります。

皮膚をかくと，異物が入りやすくなる

私たちは，皮膚から入った異物に対して，強いアレルギー反応を引きおこします。これが，アトピー発症の大きな要因となります。そして，炎症で発生するかゆみで皮膚をかくことにより，さらに皮膚は傷つき，より異物が入りやすい状態になっていきます。こうした悪循環が，アトピー発症の一端となります。そのため，アトピー対策は，何といってもスキンケアが重要なのです。

アトピーの患者も，ぜんそくの患者と同じように，ダニの死骸の破片などのアレルゲンが皮膚に触れることで，アレルギー反応がおきてしまうそうよ。

第2章 免疫のしくみと病気

memo

最強にわかる 人体と病気

人類初のワクチンを開発

イギリスの医学者のエドワード・ジェンナー（1749〜1823）

古くから悪魔の病気と恐れられていた「天然痘」のワクチン開発者である

"ウシの伝染病である「牛痘」にかかった人は天然痘にかからない"

故郷で耳にした酪農家の話が研究のヒントになった

ジェンナーは研究や実験を重ねて牛痘をヒトの皮膚に接種する「種痘」を開発

接種で免疫をつくるこの予防接種こそ人類初のワクチンだった

種痘は世界に広まった。ついに1980年、WHOが天然痘根絶を宣言

ジェンナーは「近代免疫学の父」とよばれるようになった

カッコウの托卵を発見！

ジェンナーは24歳のときに故郷へ戻り、開業

ロンドン帰りと評判の人気医師で大いそがしだった

仕事のかたわら種痘の研究や開発も進めていたのである

やがて敷地内の小屋に種痘をうける人々が列をつくったという

ジェンナーは動物や植物、鉱物や地質の観察や研究にも熱心だった

カッコウがほかの鳥に子育てを託すことを「托卵」という

ジェンナーは托卵を発見した博物学者でもあった

第3章

インフルエンザと かぜ，新型コロナ

私たちの身近な病気に，インフルエンザやかぜがあります。また，2019年末に中国で発見された新型コロナウイルス感染症（COVID-19：コビッド・ナインティーン）は，世界的な大流行となりました。第3章では，インフルエンザとかぜ，新型コロナウイルス感染症についてみていきましょう。

— インフルエンザ —

1 インフルエンザウイルスは，とげとげしている

1年間の患者数は，多いと2000万人近く

インフルエンザは，「インフルエンザウイルス」に感染することで引きおこされる病気です。ウイルスに感染してから1〜3日後に，38℃以上の高熱や頭痛，だるさ，筋肉痛，のどの痛みやせき，鼻水などの症状があらわれます。

日本でインフルエンザにかかる人は，毎年12月ごろに出はじめ，1〜3月ごろに最も多くなります。1年間の患者数は，少なくとも数百万人，多いときには2000万人近くにおよびます。インフルエンザによる死者は，65歳以上の高齢者を中心に，1年間に1万人前後と推計されています。

156

第3章 インフルエンザとかぜ，新型コロナ

1 インフルエンザウイルス

インフルエンザウイルスをえがきました。RNA（アール・エヌ・エー）は，「カプシド」というタンパク質の殻におおわれて，らせん状をしています。そのまわりを「エンベロープ」という脂質の膜がおおい，そこに「スパイク」というタンパク質の突起がついています。

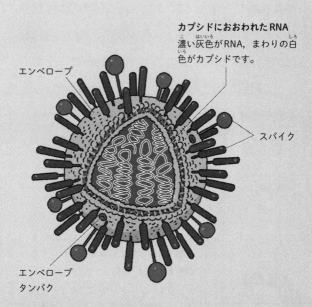

カプシドにおおわれたRNA
濃い灰色がRNA，まわりの白色がカプシドです。

エンベロープ

スパイク

エンベロープ
タンパク

157

大きな流行をおこすのは, A型とB型

インフルエンザウイルスは, 表面に「スパイク」とよばれる突起をもち, 内部に遺伝情報が記録された「RNA（リボ核酸）」を含む粒子です。ウイルスの粒子を構成するタンパク質の種類（抗原性）のちがいなどから, A型, B型, C型の3種類に分類されます。このうち, 大きな流行をおこして問題になるのは, A型とB型です。C型は, A型やB型にくらべて症状も軽く, 問題になることは少ないです。

A型は亜型というちがいがあり, そののちがいによって, ヒト以外にも, ブタ, ウマ, ニワトリをはじめとした家畜となる鳥など, 多くの動物に感染するが, B型はヒトだけに, C型はブタとヒトにのみ感染するのだ。

第3章　インフルエンザとかぜ，新型コロナ

― インフルエンザ ―

2 のどが痛っ！　ウイルスがのどの細胞に侵入

ウイルスに利用された細胞は，死んでしまう

　私たちがインフルエンザウイルスに感染して体調をくずすとき，体では何がおきているのでしょうか。

　インフルエンザウイルスは，のどや鼻の細胞に感染すると，細胞が細胞自身の増殖のために使うシステムを利用して，増殖します。増殖した大量のウイルスは，細胞の外へと飛び出して，また新たな細胞に感染します。ウイルスに利用された細胞は，ぼろぼろにこわれ，死んでしまいます。私たちは，のどの細胞がこわされるとのどに痛みを感じ，気管や気管支の細胞がこわされると，せきやたんを出すようになります。さらに免疫細胞による炎症反応も，症状を加速させます。

159

免疫細胞の出す物質が、脳の体温中枢を刺激

インフルエンザにかかると、発熱して頭が熱くなります。しかし頭が熱くなるのは、のどの痛みなどとはちがい、ウイルスが頭に侵入するからではありません。**体内の免疫細胞がウイルスとたたかうときに出す物質が、脳の体温中枢を刺激するために、熱が出ます。**

体温が上がると、免疫細胞の活動が高まり、ウイルスなどを退治しやすくなるといわれています。発熱は、体を守るための反応なのです。

インフルエンザ治療薬の「タミフル®」や「リレンザ®」、「イナビル®」、「ラピアクタ®」は、ウイルスが感染細胞から放出されるのを防ぐコン。それによって、大量のウイルスが新たに体内に出まわることをおさえ、症状を早く回復させるんだコン。

第3章 インフルエンザとかぜ，新型コロナ

2 インフルエンザの攻撃

インフルエンザウイルスの感染によって，のどの痛みやせき，発熱がおきるしくみをえがきました（1～3）。

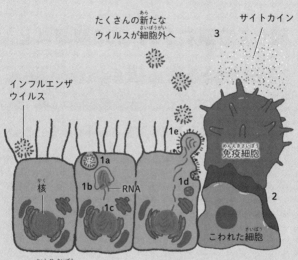

1. ウイルスがのどの細胞に侵入して増殖

ウイルスがのどの細胞に侵入し（1a），RNAを放出します（1b）。RNAは核に入り，増殖します（1c）。RNAの情報をもとに，ウイルスのスパイクなどがつくられます（1d）。ウイルスが組み立てられて，放出されます（1e）。

2. 細胞がこわれて，のどの痛みやせきが出る

細胞がこわれて，のどが痛いといった症状がおきます。気管の細胞がこわれると，せきが出るようになります。

3. 免疫物質が脳へ。高熱が出る

「サイトカイン」が，免疫細胞から放出されます。サイトカインが，ほかの物質を介して脳の体温中枢を刺激すると，熱が出ます。

3 かぜも主にウイルス。 さまざまな種類がある

― かぜ ―

細かく分類すると，200種類以上

かぜ（かぜ症候群）は，鼻からのどに，急性の炎症がおきる病気です。さまざまなウイルスや細菌に感染することで，引きおこされます。感染してから1〜3日後に，37℃台の微熱やのどの痛み，鼻水，鼻づまり，せき，たんなどの症状があらわれます。

かぜを引きおこす病原体は，80〜90％がウイルスだといわれています。代表的なウイルスとして，「ライノウイルス」「コロナウイルス」「RSウイルス」などが知られています。ウイルスは，細かく分類すると，全部で200種類以上も存在します。

第3章 インフルエンザとかぜ，新型コロナ

3 アデノウイルス

かぜを引きおこすウイルスの一つである,「アデノウイルス」をえがきました。正20面体のカプシドの内部に，遺伝情報が記録された「DNA（ディー・エヌ・エー：デオキシリボ核酸）」があります。エンベロープはもちません。

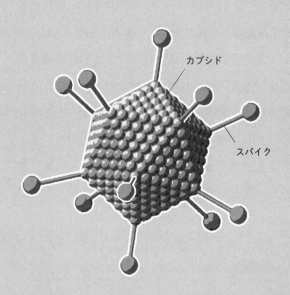

カプシド

スパイク

163

乳児や年少の幼児では,注意が必要

　ライノウイルスは,大人のかぜの原因の4割程度を占めるとされています。日本では,とくに春と秋に感染者が多く出ます。「ライノ」はギリシア語で「鼻」を意味し,その名の通り,鼻水や鼻づまりになる「鼻かぜ」を引きおこします。

　一方,子供のかぜの原因は,RSウイルスであることが多いとされています。秋から春先にかけて流行し,発熱や鼻水,せきなどの,軽い症状をもたらします。乳児や年少の幼児では,重い気管支炎や肺炎などの原因となることもあるので,注意が必要です。

次のページで紹介する「上気道」の粘膜に炎症をおこして,さまざまな症状を引きおこす病気の総称が,かぜと呼ばれるそうよ。

第3章 インフルエンザとかぜ, 新型コロナ

— かぜ —

4 かぜは主にのどから上, インフルはのどから下にも

免疫力が低い人は, 合併症を発症しやすい

かぜのウイルスは, のどから上の「上気道」の粘膜に侵入して, 炎症をおこします。一方, インフルエンザウイルスは, のどから下の「下気道」にも侵入し, 症状も重くなる場合が多いです。

とくに免疫力が低い人がインフルエンザにかかると, さまざまな合併症を発症しやすくなります。たとえば毎年, 幼児を中心に, 100〜数100例程度, 突然にけいれんや意識障害がおきる「インフルエンザ脳症」が発生しています。インフルエンザ脳症を発症すると, およそ10%が死亡し, 回復したとしても, 重度の後遺症が残ることが少なくありません。

165

肺炎で，高齢者が死亡してしまう

高齢者がインフルエンザを発症すると，肺炎球菌などの細菌の侵入を許し，「二次性の細菌性肺炎」になることも多いです。実はこれが，インフルエンザをきっかけに高齢者が死亡してしまう最大の原因です。

また，糖尿病や腎臓病などの慢性疾患が正しくコントロールされていないと，インフルエンザにかかることで症状が悪化し，合併症をおこしやすくなります。

かぜやインフルエンザの日常生活での予防の基本は，「マスク」，「手洗い」，「うがい」なのだ。また，ウイルスに対する免疫力をつけるために，日ごろから体をよく動かして，体力をつけることも重要なのだ。よく食べ，よく動き，さらにしっかりと睡眠をとって生活リズムをととのえること。これこそが，最大の予防になるといえるのだ。

第3章　インフルエンザとかぜ，新型コロナ

4　かぜとインフルエンザの比較

かぜとインフルエンザの特徴を，表にまとめました。かぜの原因となるウイルスには，内部にRNAをもつ「RNAウイルス」と内部にDNAをもつ「DNAウイルス」の両方があります。一方，インフルエンザウイルスは，RNAウイルスだけです。

	かぜ	インフルエンザ
発症時期	1年を通じて散発的に発症	冬（12月～3月）に多い
経過	体調がゆっくり悪化していく	体調が突然悪化する
潜伏期間	感染から1～3日で発症	感染から1～3日で発症
発熱	37℃台の微熱	38℃以上の高熱
症状	［上気道症状］くしゃみ，せき，のどの痛み，鼻水・鼻づまり。 ［全身症状］通常とくに無し。	［上気道症状］せき，のどの痛み，鼻水・鼻づまり。 ［全身症状］関節痛，筋肉痛，頭痛，ほか
合併症	非常にまれ	インフルエンザ脳症（5歳以下の小児），二次性細菌性肺炎（65歳以上の高齢者），ほか
感染経路	主に，ドアノブや手すりなどを介した接触感染	主に，せき，くしゃみを介した飛沫感染
感染力	感染力は弱いが，広がる場合が多い	感染力が強く，急速に広がることもある。
主な原因ウイルス	ライノウイルス，アデノウイルス，エンテロウイルス，ＲＳＵイルス，コロナウイルス，ほか （例）アデノウイルス	［A型］H1N1（2009），H3N2（香港型）。［B型］山形系統，ビクトリア系統。 インフルエンザウイルス

ネギを巻くといいんですか？

博士，ネギを首に巻くといいんですか？

なんじゃ？　かぜをひいたときの話かの？
日本には，かぜをひいたときに，焼いたネギを首に巻くと治るといういい伝えがあるようじゃの。

へぇ～。でもすごいにおいがして，気になって眠れなそう。ほんとに効くんですか？

焼いたネギを首に巻くとかぜが治るということは，科学的には証明されていないようじゃ。ネギがあるなら，首に巻くよりも，食べたらどうなんじゃ？

えっ，ネギにはどんな栄養があるんですか？

ネギ特有の香りを生む「硫化アリル」という成分は、血行をよくしたり、疲労を回復させたりする効果があるらしいの。ビタミンも豊富で、かぜ予防にぴったりじゃ。

へえ〜。じゃあ、いったん首に巻いてから食べよっと。

―新型コロナ―

5 似てる？ 新型コロナウイルスは，王冠ウイルス

重症化すると，呼吸困難や多臓器不全

　2019年末に中国で発見された新型コロナウイルス感染症（COVID-19）は，いまも世界中で大流行がつづいています。全世界の感染確認者は7億6300万人，死者は691万人に達しました（2023年4月時点）。日本の感染確認者は3353万人をこえ，死者は7万4000人以上です（2023年5月時点）。

　新型コロナウイルス感染症の原因となっているのが，新型コロナウイルス（SARS-CoV-2：サーズ・コブ・ツー）です。

　新型コロナウイルスに感染すると，1〜14日後（平均5〜6日後）に，発熱やせき，だるさなどの，かぜやインフルエンザと似た症状があら

第3章 インフルエンザとかぜ, 新型コロナ

5 新型コロナウイルス

新型コロナウイルスをえがきました。RNAは,「カプシド」というタンパク質の殻におおわれて, らせん状をしています。そのまわりを「エンベロープ」という脂質の膜がおおい, そこに「スパイク」というタンパク質の突起がついています。

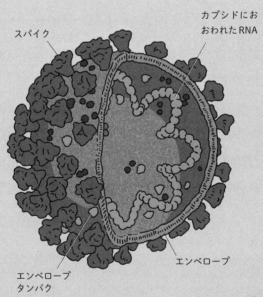

スパイク

カプシドにおおわれたRNA

エンベロープタンパク

エンベロープ

インフルエンザウイルスと構造が似ているけど, スパイクの形はちがうわね。

171

われます。また、味覚や嗅覚がなくなることもあります。そして重症化すると、肺炎による呼吸困難や血栓症による多臓器不全などで、死亡します。

ウイルスの形が、王冠にみえた

新型コロナウイルスの「コロナ」とは、ギリシャ語で王冠を意味する「corona」に由来します。スパイクを突きだしたウイルスの形が王冠にみえたことから、そう名づけられました。新型コロナウイルスは、インフルエンザウイルスと同じく、内部に遺伝情報が記録されたRNAをもちます。

新型コロナウイルスの正式名称「SARS-CoV-2」は、2002年から2003年にかけて世界的に流行したSARS（サーズ）の原因ウイルス「SARS-CoV」によく似ていることから、つけられたんだコン。

第3章　インフルエンザとかぜ，新型コロナ

memo

― 新型コロナ ―

6 新型コロナウイルスは, 気道の細胞に侵入

スパイクを「ACE2（エース・ツー）」に結合させて侵入する

　新型コロナウイルスは, どのようにしてヒトの細胞に侵入し, 感染を成立させるのでしょうか。

　ヒトの気道の細胞の表面には,「ACE2（アンジオテンシン変換酵素2）」というタンパク質があります。ACE2は, 血圧を上昇させる「アンジオテンシン」のはたらきを調節する酵素であり, 本来は新型コロナウイルスとは無関係です。ところが, 新型コロナウイルスは, スパイクをACE2に結合させて, 細胞に侵入するのです。

第3章 インフルエンザとかぜ，新型コロナ

ヒトの細胞のしくみを借用する

　細胞に入った新型コロナウイルスは，RNAを細胞内に放出します。RNAは，複雑な過程を経て，複数のRNAへと複製されます。**また，RNAがもつ遺伝情報にもとづいて，スパイクやカプシドなどのウイルスの部品が合成されます。**この合成のために，ウイルスはヒトの細胞がもつタンパク質合成のしくみを借用します。そして，複製されたRNAと合成された部品は，たくさんの新たなウイルスとして組み上げられて，細胞外へと放出されます。

> 最初にウイルスが体内に入ってから，発熱などの症状が出るまでの期間を「潜伏期間」といい，新型コロナウイルスでは5日前後なのだ。何の症状もなくても，この潜伏期間中に新型コロナウイルスは，体内のウイルスの数をどんどんふやしていくのだ。

6 新型コロナウイルスの増殖

新型コロナウイルスが細胞内に侵入し、ウイルスのRNAと部品が複製され、たくさんの新たなウイルスとなって放出される過程をえがきました（1～3）。

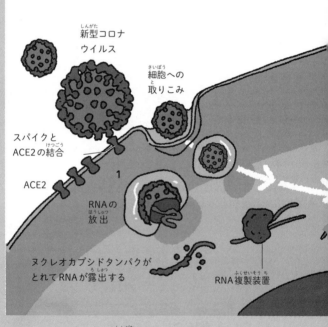

1. 新型コロナウイルスのスパイクがACE2に結合すると、ウイルスは細胞内へ取りこまれます。ウイルスは、細胞内にRNAを放出します。

第3章 インフルエンザとかぜ，新型コロナ

注：RNAの複製過程は実際にはもっと複雑です。このイラストでは簡略化しています。

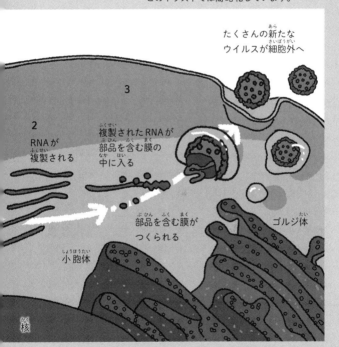

2. ウイルスのRNAが複製されます。RNAの遺伝情報を元に，小胞体の内側にウイルスの部品が合成され，ゴルジ体へ運ばれます。

3. ゴルジ体からウイルスの部品を含む膜が放出され，その膜の中に複製されたRNAが入り，新たなウイルスになります。

― 新型コロナ ―

7 肺胞で炎症が発生, 呼吸困難におちいる

肺胞が水びたしになる

　新型コロナウイルスに感染すると, 約8割の人は, 無症状または軽症でおさまります。しかし, 残りの約2割の人は, 肺炎による呼吸困難におちいります（ワクチン開発前の2020年の状況）。

　肺炎は, 肺胞や肺胞の壁で炎症がおきる病気です。気道から侵入した新型コロナウイルスは, やがて肺胞の細胞に感染し, 肺炎をもたらします。肺炎が重症化すると, 肺胞に水分がたまる「肺水腫」になります。本来, 空気で満たされるはずの肺胞が水びたしになると, 血液とのガス交換ができなくなり, 呼吸困難におちいるのです。

第3章 インフルエンザとかぜ,新型コロナ

壁が厚くなり,ガス交換がさらに困難に

さらに,新型コロナウイルス感染症にみられる特徴的な肺炎が,肺胞の壁（間質）に炎症がおきる,「間質性肺炎」です。

炎症によって傷ついた壁を修復するために,間質ではコラーゲンが過剰につくられて壁が厚くなります。その結果,ガス交換がさらに困難になります。しかも,いったん厚くなった壁は元にもどりにくいため,ウイルスが消えても,息苦しさの後遺症が残ってしまうのです。

コラーゲンによって,間質が厚く,かたくなってしまうことを肺の「線維化」とよぶコン。線維化が進むと,肺はカチカチにかたくなってふくらみにくくなり,息切れや呼吸困難につながるんだコン。

179

7 新型コロナの肺炎

健康な肺の肺胞（A）と，新型コロナウイルス感染症で肺炎になった肺の肺胞（B）をえがきました。

A. 健康な肺の肺胞

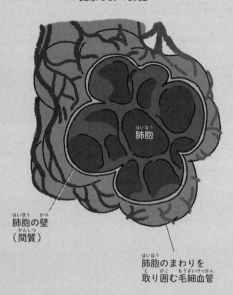

肺胞

肺胞の壁
（間質）

肺胞のまわりを
取り囲む毛細血管

第3章 インフルエンザとかぜ, 新型コロナ

B. 新型コロナで肺炎になった肺の肺胞

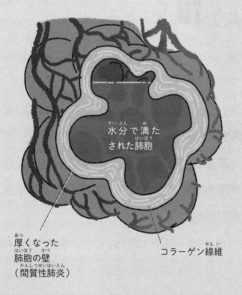

厚くなった
肺胞の壁
(間質性肺炎)

コラーゲン線維

水分で満たされた肺胞

肺胞の細胞がダメージを受けると, 肺胞内へと侵入する水分を外にくみ出すことができなくなり, 内部が水分で満たされてしまいます(肺水腫)。また, ダメージを修復するためにつくられるコラーゲン線維によって, 肺胞の壁が厚くなります(間質性肺炎)。その結果, ガス交換が困難になります。

― 新型コロナ ―

8 免疫の過剰反応が, 血のかたまりをつくる

サイトカインが, 嵐のように放出される

「サイトカインストーム」という言葉を, 新型コロナウイルスをきっかけに知ったという人も, 多いのではないでしょうか。炎症にともなって免疫細胞などから放出される「炎症性サイトカイン」が, 嵐のように過剰に放出されて, ヒトの細胞にダメージをあたえる現象が「サイトカインストーム」です。

新型コロナウイルスに感染して肺炎がおきると, ダメージを受けた肺の細胞や免疫細胞から, サイトカインが放出されます。そしてサイトカインストームがおきて, 呼吸困難のリスクが高まります。

第3章 インフルエンザとかぜ，新型コロナ

8 新型コロナ重症患者の血管

新型コロナウイルス感染症の，重症患者の血管をえがきました。サイトカインストームが，血管にダメージをあたえ，血栓がつくられやすくなります。

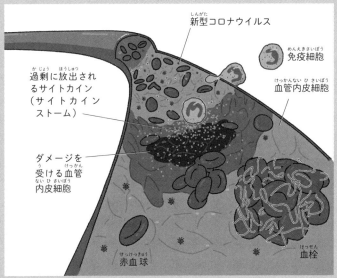

1. 新型コロナウイルスが，血管内皮細胞に感染するなどして，ダメージをあたえます。

2. ダメージを受けた血管内皮細胞や血管の外からやってきた免疫細胞から，サイトカインが放出されて，サイトカインストームがおきます。

3. サイトカインストームは，血栓を生じやすくします。この血栓が，心臓や脳などに深刻な影響をあたえることがあります。

注：イラストのウイルスは，大きさを誇張してえがいています。

血栓が，心臓や脳に深刻な影響をあたえる

新型コロナウイルスが血液中に侵入し，血管の内壁をつくる細胞に感染すると，ダメージを受けた血管の細胞や免疫細胞からもサイトカインが放出されます。すると，サイトカインストームの影響が血液を通じて全身におよび，肺以外の臓器にも炎症をもたらします。

サイトカインストームがおきると，血管の内壁が破壊されたり，血液を凝固させるしくみに異常がおきたりして，血のかたまりである「血栓」ができやすくなります。この血栓が，心臓や脳などに深刻な影響をあたえてしまうのです。

血栓は心筋梗塞や脳梗塞だけでなく，腎不全も引きおこす可能性があるそうよ。

第3章　インフルエンザとかぜ, 新型コロナ

memo

— 新型コロナ —

9 技術の発展が，RNAワクチンを誕生させた！

病原体そのものではなく，RNAを使う

日本では，2021年2月から，新型コロナウイルスのワクチン接種が行われています。ワクチンは，毒性を弱めた病原体や病原体の一部を事前に投与しておくことで，体に免疫をつけ，病気にかかりにくくし，また病気の程度が軽くてすむようにする医薬品です。

新型コロナウイルスのワクチンには，はじめて「RNAワクチン」が採用されました。RNAワクチンは，病原体そのものではなく，病原体の一部の遺伝情報が記録されたRNA（リボ核酸）を使うワクチンです。

第3章 インフルエンザとかぜ，新型コロナ

RNAを，脂質の小さな粒子の中に入れた

　RNAワクチンは，RNAを人工的に合成するため，短期間でつくることができます。しかし，RNAを注射したときにはげしい炎症がおきることと，RNAをうまく細胞の中に届けられないことが課題でした。そこで，通常のRNAとは少しことなるRNAを合成することで，炎症をおさえることに成功しました。また，RNAを脂質の小さな粒子の中に入れることで，細胞の中に届けることに成功しました。

　こうして，新型コロナウイルスのRNAワクチンが誕生したのです。

> 人類はペストやスペインかぜ，結核など，さまざまな感染症とたたかってきた。21世紀の今も，エボラウイルスやＨＩＶウイルス，新型コロナウイルスなど，新たな感染症が人類を苦しめている。感染症とのたたかいは，今もつづいているのだ。

187

9 新型コロナのRNAワクチン

新型コロナウイルスの，RNAワクチンのつくりかたとはたらきをえがきました（1〜4）。RNAには，ウイルスのスパイクの遺伝情報が記録されています。注射すると，細胞の中でスパイクが合成され，ウイルスに対する免疫がつきます。

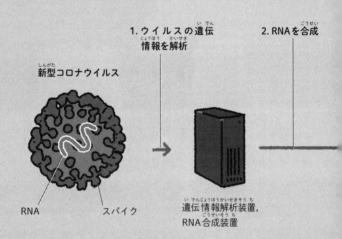

1. ウイルスの遺伝情報を解析

2. RNAを合成

新型コロナウイルス

RNA　　スパイク

遺伝情報解析装置，RNA合成装置

第3章 インフルエンザとかぜ，新型コロナ

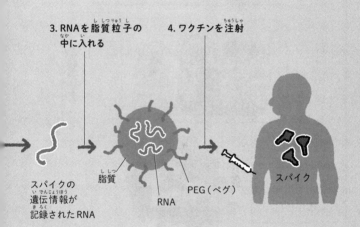

注：PEGは，「ポリエチレングリコール」です。脂質の粒子の表面にPEGをつけると，粒子の安定性が高まります。

注：残ったワクチンのRNAは，分解されます。ワクチンのRNAが細胞の核に移動して，細胞のDNA（デオキシリボ核酸）の遺伝情報を書きかえることはありません。

最強にわかる 人体と病気

コッホのもとで口蹄疫を研究

ドイツの細菌学者
フリードリヒ・レフラー
（1852～1915）

同じくドイツの細菌学者
パウル・フロッシュ
（1860～1928）

2人は、細菌学の権威
ドイツのロベルト・コッホ
（1843～1910）
のもとで研究をしていた

当時のドイツは
家畜に被害を与える
「口蹄疫」の発生に
悩まされていた

レフラーとフロッシュは
コッホの研究所で
口蹄疫の研究と治療に
取り組むことになった

動物ウイルスを発見！

レフラーとフロッシュは発症した牛の水疱を細菌ろ過器に通し無菌化

そのろ液を健康な牛に接種した

その結果接種された牛に水疱ができた

病原体がろ過器をすり抜けたのである

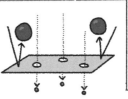

口蹄疫の病原体は細菌より小さいことが明らかになった

1898年レフラーとフロッシュは「ろ過性病原体」が口蹄疫の病原であると発表

ろ過性病原体はすなわちウイルスである

動物ウイルスの初報告。これが動物ウイルス学のはじまりとなった

さくいん

数字

1型糖尿病 ……………104，143

2型糖尿病 …………20，21，
104 〜 107，110

あ

アテローム血栓性（脳）梗塞
……………………………30，31

アトピー（アレルギー性皮膚炎）… 20，21，129，148，150

アレルギー …………119，128，
138，140，142

アレルギー性疾患 ……134，138

アレルゲン（アレルギー原因物質）………………138，150

安定狭心症 ……………………49

い

インフルエンザ ………3，155，
156，160，161，
165 〜 167，170

インフルエンザ脳症
……………………………165，167

え

エドワード・ジェンナー
……………………11，152，153

炎症性サイトカイン
……………………………127，182

お

親知らず ………………………40

か

花粉症 … 128，129，132，133

がん ……………………14，16，17，
20，50，63 〜 65，
69 〜 71，78 〜 80，96

肝硬変 …………85，88，89，
92，93，95

関節症 …………………19 〜 21

間質性肺炎（間質性肺疾患）
……………………17，179，181

き

気管支ぜんそく ……………129，
134，136，137

急性冠症候群 …………………52

急性心筋梗塞 …………49，50，
52，54 〜 57

狭心症 ……19，49，114，115

虚血性心疾患 …………………19

く

くも膜下出血 … 32，35 〜 37

け

血栓 …………29，31，50，52，
55，57，183，184

さ

サイトカインストーム
································· 182 〜 184

し

自己免疫疾患················ 142 〜 147
自己免疫性肝炎························· 92
脂質異常症···············18 〜 21,
　30, 114, 115
歯肉炎および歯周疾患（歯周病）······18, 20, 21, 41〜43
脂肪肝················91, 92, 95
粥腫················· 52, 53, 55
小細胞がん························· 70
神経障害························· 105
心疾患················15 〜 17, 30
腎症························· 105

す

膵炎····························· 98

せ

正常眼圧緑内障···············111
腺がん················· 65, 69

た

大細胞がん························· 69
胆石····························· 98

ち

中枢型肺がん··········· 63 〜 65

と

頭蓋内出血························· 32
糖尿病··············20, 21, 30,
　104, 105, 108 〜 110, 166
糖尿病三大合併症········· 105
動脈硬化···············19, 29,
　49, 105, 114
動脈瘤················· 35, 37

に

二次性の細菌性肺炎
································166, 167

の

脳血管疾患··············· 15 〜 17
脳血栓················· 29, 30
脳梗塞················21, 29,
　31, 105, 114, 184
脳出血··········3, 32 〜 34, 114
脳塞栓················· 29, 30
脳卒中················15, 19,
　29, 32, 34, 50

193

は

肺炎…………16, 17, 50, 63,
　　164, 166, 172, 178〜182
肺がん……63〜65, 69〜71
肺気腫………………66〜68
肺結核…………………………63
肺水腫………………178, 181
パウル・フロッシュ
　…………………………190, 191
白内障……20, 21, 111〜113
鼻かぜ………………………164
バリー・マーシャル…82, 83

ひ

非アルコール性脂肪性肝炎
（NASH）……………………92

ふ

不安定狭心症……50, 52, 54
フリードリヒ・レフラー
　…………………………190, 191

へ

扁平上皮がん……………65, 69

ほ

本態性（原発性）高血圧（症）
　……………18, 20, 21, 114

む

虫歯…………………41, 43, 45

も

網膜症…………………………105

ら

ラクナ梗塞（ラクナ性脳梗塞）
　…………………………30, 31

り

リウマチ熱…………………145
緑内障……20, 21, 111, 112

ろ

老衰…………………15〜17
ロビン・ウォーレン…82, 83
ロベルト・コッホ…………190

さくいん

memo

シリーズ第39弾!!

ニュートン超図解新書
最強に面白い
やせる科学

2025年3月発売予定　新書判・200ページ　990円（税込）

　ダイエットがむずかしい理由の一つは，体重が私たちの想像よりも，ゆっくりとしか変化しないからではないでしょうか。そのため，「○○ダイエット」などの手軽でまちがった方法を，つい試してみたくなってしまいます。

　ダイエットは，正しい方法で行えば，必ず体重を減らすことができます。食事の量をどれだけ減らせばいいのか，どの栄養素をどれだけとればいいのか，どんな運動をどれだけすればいいのか。ダイエットにまず必要なのは，正しい方法を知ることです。そしてその正しい方法を実践することこそが，ダイエット成功への近道なのです。

　本書は，2022年9月に発売された，ニュートン式 超図解 最強に面白い!!『ダイエット』の新書版です。健康的にやせる正しい方法について"最強に"面白く紹介します。どうぞご期待ください！

余分な知識満載だモグ！

主な内容

やせる前に,肥満を知ろう

肥満度が簡単に判明してしまう!! BMI
BMIが大きくなるほど,病気もふえる ほか

やせるために,栄養素を知ろう

栄養素を知らなければ,正しくやせることはできない
炭水化物は,エネルギー源。余ると脂肪になる ほか

やせるために,正しく食事しよう

1日の消費エネルギーは,基礎代謝から計算できる!
糖質制限ダイエットは,おすすめできない ほか

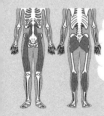

やせるために,正しく運動しよう

運動…。どんな運動を,どれぐらいすればいいの
有酸素運動+筋トレで,鬼に金棒 ほか

Staff

Editorial Management	中村真哉
Editorial Staff	道地恵介
Cover Design	岩本陽一
Design Format	村岡志津加（Studio Zucca）

Illustration

表紙カバー	羽田野乃花さんのイラストを元に佐藤蘭名が作成
表紙	羽田野乃花さんのイラストを元に佐藤蘭名が作成
11	羽田野乃花
23	羽田野乃花
27	金井治也さんのイラストを元に羽田野乃花が作成
31	羽田野乃花（①）
33, 37	小林稔さんのイラストを元に羽田野乃花が作成
39〜45	羽田野乃花
47	山本匠さんのイラストを元に羽田野乃花が作成
51	門馬朝久さんのイラストを元に羽田野乃花が作成
53	門馬朝久さんのイラストを元に羽田野乃花が作成
57〜59	羽田野乃花

61	奥本裕志さんのイラストを元に羽田野乃花が作成
65	目黒市松さんのイラストを元に羽田野乃花が作成
67	羽田野乃花
71	目黒市松さんのイラストを元に羽田野乃花が作成
73	奥本裕志さんのイラストを元に羽田野乃花が作成
77	目黒市松さんのイラストを元に羽田野乃花が作成
79	青木隆さんのイラストを元に羽田野乃花が作成
82〜83	羽田野乃花
86〜87	山本匠さんのイラストを元に羽田野乃花が作成
89	小林稔さんのイラストを元に羽田野乃花が作成
93	吉原成行さんのイラストを元に羽田野乃花が作成

99	羽田野乃花（3Dデータ提供：筑波大学医学医療系消化器外科）
101, 106〜107	羽田野乃花（①）
109〜113	羽田野乃花
116〜117	木下真一郎さんのイラストを元に羽田野乃花が作成
121	青木隆さんのイラストを元に羽田野乃花が作成
126〜133	羽田野乃花
135, 139	浅野仁さんのイラストを元に羽田野乃花が作成
141	羽田野乃花
143	羽田野乃花（①）
147	佐藤蘭名さんのイラストを元に羽田野乃花が作成
149〜191	羽田野乃花

①：BodyParts3D, Copyright © 2008 ライフサイエンス統合データベースセンター licensed by CC表示−継承2.1 日本"（http://lifesciencedb.jp/bp3d/info/license/index.html）

監修（敬称略）：
坂井建雄（順天堂大学保健医療学部特任教授）

本書は主に，Newton別冊『病気の科学知識』の記事を，大幅に加筆・再編集したものです。

ニュートン超図解新書
最強にわかる　**人体と病気**

2025年3月10日発行

発行人	松田洋太郎
編集人	中村真哉
発行所	株式会社 ニュートンプレス　〒112-0012 東京都文京区大塚3-11-6
	https://www.newtonpress.co.jp/
	電話 03-5940-2451

© Newton Press 2025
ISBN978-4-315-52897-8